i m p e r f e i t o s (*adj.*)

é o diferente sendo taxado de incompleto. é uma nuvem que se destaca no céu. é o único sendo chamado de estranho. é a coragem de ser extraordinário em um mundo ordinário. é o olho do míope, que emoldurado por seus óculos, se transforma em um quadro. é a vida que abraça o seu propósito quando percebe que é finita.

é quando o amor entende que uma das suas peculiaridades é a falha, e é por isso que dá certo.

— João Doederlein
@AKAPOETA

Copyright © 2022 por Julie Goldchmit

Todos os direitos desta publicação reservados à Maquinaria Sankto Editora e Distribuidora LTDA. Este livro segue o Novo Acordo Ortográfico de 1990.

É vedada a reprodução total ou parcial desta obra sem a prévia autorização, salvo como referência de pesquisa ou citação acompanhada da respectiva indicação. A violação dos direitos autorais é crime estabelecido na Lei n.9.610/98 e punido pelo artigo 194 do Código Penal.

Este texto é de responsabilidade da autora e não reflete necessariamente a opinião da Maquinaria Sankto Editora e Distribuidora LTDA.

Diretor Executivo
Guther Faggion

Diretor de Operações
Jardel Nascimento

Diretor Financeiro
Nilson Roberto da Silva

Editora Executiva
Renata Sturm

Editora
Gabriela Castro

Direção de Arte
Rafael Bersi, Matheus Costa

Redação
Vanessa Nagayoshi

Preparação
Leonardo Dantas do Carmo

Revisão
Mauricio Katayama

Avaliação técnica
Goodbros Empatia e Acessibilidade e Inclusão

Fotografia
Fabio Medeiros

Maquiagem
Dani Guidon

Cabelo
Gih Marques

DADOS INTERNACIONAIS DE CATALOGAÇÃO NA PUBLICAÇÃO (CIP)
ANGÉLICA ILACQUA – CRB-8/7057

GOLDCHMIT, Julie
    Imperfeitos : um relato íntimo de como a inclusão e a diversidade podem transformar vidas e impactar o mercado de trabalho / Julie Goldchmit. – São Paulo : Maquinaria Sankto Editora e Distribuidora LTDA. 2022.
    192p.
    Bibliografia
    ISBN 978-65-88370-41-4

    1. Autistas – Biografia 2. Transtorno do Espectro Autista 3. Deficientes – Inclusão social 4. Diversidade 5. Acessibilidade 6. Capacitismo 7. Deficientes – Mercado de trabalho I. Título

22-1071   CDD-926.92858

ÍNDICE PARA CATÁLOGO SISTEMÁTICO:
1. Autistas – Biografia

---

maquinaria EDITORIAL

R. Leonardo Nunes, 194 – Vila da Saúde
São Paulo – SP, CEP: 04039-010
www.mqnr.com.br

JULIE GOLDCHMIT

i mperfeitos

Um relato íntimo de como a inclusão e a diversidade podem transformar vidas e impactar o mercado de trabalho

mqnr

SUMÁRIO

NOTA DA EDITORA..7

DEDICATÓRIA 11

PREFÁCIO 15

APRESENTAÇÃO

    Uma história que nos tira do piloto automático 21

    O efeito transformador de Julie 23

CAPÍTULO 1
NASCE UMA PEQUENA GRANDE MENINA 25

    Fase escolar: superando limites,
    derrubando barreiras..31

    Escola regular × escola especial 34

    A exclusão e o assédio nas escolas 39

    Capacitismo na educação 45

CAPÍTULO 2
TERRA DOS GIGANTES 57

    Reparo social e histórico: a Lei de Cotas 64

    Assédio contra pessoas com deficiência
    no ambiente de trabalho.......................................83

    Um novo recomeço..90

    A importância dos programas de
    aprendizagem e instrumentos legais....................97

CAPÍTULO 3
QUAL É O SEU PLANO B? 109

    Deficiência e interseccionalidade 117

    A jornada em busca de uma nova oportunidade ... 125

    O papel da família na inclusão social 128

CAPÍTULO 4
QUANDO ENCONTREI A MINHA SEGUNDA CASA 135

    Início de um sonho 146

    Inclusão: a chave para a inovação 155

    Cada um faz a diferença 160

    A mudança de cultura é
    responsabilidade de todos 171

    Um "case" de sucesso 176

GLOSSÁRIO 179

NOTAS 185

AGRADECIMENTOS 191

NOTA DA EDITORA

O tema da inclusão está em voga nos dias de hoje. E isso representa um salto evolutivo em nossa presença no mundo como sociedade. Esse caminho, felizmente sem volta, está deixando de ser moda e ditando o jeito certo de ser. Isso significa que, cada vez mais, situações de vulnerabilidade, em detrimento da postura de força espartana inabalável, rígida e inflexível, tornam o mundo um lugar melhor para se viver. Tira das sombras pessoas que antigamente estavam escondidas. Ora, se a nossa sociedade não é "perfeita", e a imperfeição é uma condição intrínseca da nossa própria humanidade, reconhecer que toda pessoa PRECISA ser aceita é mais um passo na direção certa.

Julie tem 25 anos. Diagnosticada com transtorno do espectro autista, já superou incontáveis desafios — na vida, na carreira e na sociedade —, muitas vezes graças ao incansável zelo... Opa, espera! Julie superou desafios (ponto-final). Como muitos jovens de sua idade, contou com o suporte da família, de amigos, de chefes bem-intencionados etc. Não existe diferença. E agora, como muitos autores, contou com o nosso apoio para publicar seu primeiro livro.

Já passou da hora de estabelecermos uma nova consciência, de pararmos de diferenciar pessoas por sua aparência ou pela forma como veem o mundo. E esse é um exercício de alta complexidade, porém necessário e urgente. Assim como todo autor que passa por aqui, a Julie causou mais uma pequena alteração na nossa forma de ver o mundo. Inspirou-nos a observá-lo sob sua ótica particular. E a nossa trajetória segue melhor depois disso.

Assim como muitos autores, Julie não é uma especialista em escrita, portanto, seu livro é baseado nos próprios relatos e nos depoimentos das pessoas que a cercam. Ao longo dessa jornada, além da família, Julie pôde contar com uma rede de apoio composta por médicos, psicólogos, professores, ativistas, especialistas, amigos e colegas de trabalho, que contribuíram significativamente para o seu crescimento pessoal e profissional. Aqui na editora, chegamos a um consenso de que nada era mais pertinente do que convidar algumas dessas pessoas para fazerem parte da construção deste livro e atuarem como uma segunda voz dentro da narrativa (que, ao longo do livro, estará marcada com uma linha pontilhada na lateral esquerda), trazendo dados e informações relevantes sobre a inclusão social. A obra, portanto, é composta por relatos adaptados e contados pela própria Julie sobre suas experiências de vida mais significativas, mas que também servem como um fio condutor para abrir um debate mais amplo acerca da inclusão.

Escrever um livro é um trabalho desafiador para todos nós e exige muito trabalho em equipe — bem como a história de Julie tem nos ensinado: ninguém faz nada sozinho, seja para alcançar um objetivo, seja para ser feliz. Juntos com ela, traçamos uma missão: pegar essa gotinha de esperança no oceano e transformar numa onda. Estabelecemos uma meta: ajudar qualquer pessoa que por qualquer motivo sinta-se excluída e injetar uma dose de inspiração para encarar os altos e baixos do dia a dia.

Esperamos que este livro encoraje a todos nós a lutarmos pelo DIREITO DE SER. Ou ainda mais que isso: pelo direito de sermos os autores de nossa própria história.

Parabéns, Julie! Aos 25 anos, você já é autora de um livro. E agora faz parte de um grupo muito exclusivo no mundo. Ainda que tenha contado com o apoio de todos nós, você foi a protagonista de suas conquistas.

EQUIPE MAQUINARIA EDITORIAL

DEDICATÓRIA

Não tive dúvidas na hora de escolher para quem eu faria a dedicatória deste livro. Só podia ser para você, mãe, que sempre se dedicou a mim desde que eu era pequena e me ensina todos os dias a ser quem eu sou. Você sempre foi atrás de possibilidades para eu me desenvolver como todos os outros.

Você me ajuda em várias coisas da vida, desde minhas necessidades básicas até como me vestir e secar o cabelo, o que não sei fazer muito bem. Não deve ser fácil! Já ouvi falar que o estresse da mãe de uma pessoa autista é maior que o de um soldado no campo de batalha. Mas você nunca desistiu. Falaram que eu não iria andar nem falar, e hoje eu ando e falo graças a sua persistência de me levar a todas as terapias durante tantos anos. É você quem está comigo todos os dias. Algumas vezes o trabalho é físico, mas você também me apoia muito emocionalmente.

Às vezes eu me sinto diferente das pessoas e você sempre me lembra quem sou eu. Isso faz com que eu me sinta mais segura em ser eu mesma. E, toda vez que eu fico triste, você me incentiva a ficar bem e diz para eu seguir em frente.

Mãe, você sempre me estimulou a fazer várias atividades em minha vida, como assistir a palestras, trabalhar, estudar línguas, fazer pilates e praticar equitação. Você e meu pai sempre me incentivaram a ler. Gosto de livros inspiradores como "Minha história", da Michelle Obama, "Extraordinário", "Eu sou Malala", "O diário de Anne Frank", "Faça acontecer" e "Plano B", da Sheryl Sandberg, entre outros, que falam de pessoas que passaram por desafios na vida e como enfrentaram os problemas.

Tudo isso fez com que eu desenvolvesse minhas habilidades físicas e emocionais. Mãe, você me ensina a ter foco nas minhas atividades, porque às vezes alguns pensamentos não saem da minha cabeça e você me ajuda a diminuí-los de tamanho. Mesmo com todas as dificuldades, você me expôs ao mundo real, me explicando cada situação que acontece em minha vida e como eu devo lidar com elas, principalmente os imprevistos, que não são fáceis para mim. Você sabe que às vezes eu não concordo no primeiro momento, mas depois sempre percebo que seus conselhos são importantes.

Você me ensina a lidar com o inesperado, a controlar a minha ansiedade e a manter a esperança acesa para eu jamais desistir dos meus sonhos. Este livro vai mostrar como estou realizando vários sonhos na minha vida: trabalhar, andar a cavalo, estudar inglês e espanhol, cuidar de mim e principalmente ter amigos e poder socializar.

Mãe, muito obrigada pela dedicação e todo o seu esforço para eu ser quem eu sou. Este livro é fruto do seu carinho e amor. Eu só tenho que agradecer pela mãe que tenho. Não poderia ter sido melhor. Dedico este livro a você pela sua dedicação comigo, por me ensinar todos os dias como ser uma pessoa melhor, pela sua paciência (que às vezes eu sei que é difícil ter), mas sobretudo pelo seu amor. Te amo e sempre te amarei!

Seguiremos juntas um longo caminho.

JULIE GOLDCHMIT

PREFÁCIO

Hoje, já de barba branca e com o recém-adquirido título de "avô", deparo-me com um inédito e importante desafio: o de prefaciar o livro de minha filha Julie. Assim como a decisão de dedicar, merecidamente, o livro à mãe, foi dela o desejo de que eu escrevesse o prefácio desta obra. Será possível fazê-lo sem misturar sentimentos de pai e filha? Paralelamente a minha atividade profissional como médico oftalmologista, tenho uma carreira acadêmica como professor, autor de diversos trabalhos científicos, capítulos de obras e a própria autoria de um livro. Surge então o ineditismo de, pela primeira vez, escrever um prefácio. E justo do livro da Julie!

Julie está dentro do transtorno do espectro autista considerado leve. Esta obra foi uma decisão dela de falar sobre sua trajetória de vida e, assim, poder inspirar outras pessoas com deficiências, seus familiares, as escolas e as empresas a entenderem e promoverem mais a inclusão. Ela mesma, dentro da inocência do seu mundo, disse que gostaria de ser "embaixadora da diversidade".

Discordo totalmente da frase que diz que "filhos com deficiência vêm para pais que estão preparados para recebê-los". Ninguém está preparado! Certamente crescemos com o sofrimento. A vida da família da pessoa com deficiência muda drasticamente, e o seu dia a dia nas atividades e nas relações é tão diferente e transformador que é impossível para os que não tem essa vivência imaginar do que estamos falando. Parafraseando Shakespeare: "Sofremos demais pelo pouco que nos falta e alegramo-nos pouco pelo muito que temos". Eu sempre me considerei uma pessoa boa, fazendo o bem e com ideias de colaborar com a humanidade com o meu conhecimento e a minha forma generosa de ser. A chegada da Julie certamente me transformou em uma "pessoa melhor". Mas não estou aqui para falar de mim.

Quero lhes falar sobre persistência e obstinação: esses atributos não faltaram para a Julie nem para nós, família, tampouco para os profissionais que estão e sempre estiveram ao lado dela, para que, diariamente, pequenas conquistas acontecessem e objetivos maiores pudessem ser alcançados.

Quero lhes falar sobre sentimentos: quantas alegrias e quantos momentos de lágrimas vivemos nesses 25 anos e que serviram principalmente para manter firmes os alicerces do amor familiar que herdamos e que transmitimos para nossas filhas e, agora, para nossa neta.

Quero lhes falar sobre o respeito, a base das relações humanas. Quando aprendemos a respeitar, não precisamos de ninguém para nos ensinar a amar nossos semelhantes (parafraseando Albert Schweitzer, ganhador do Prêmio Nobel da Paz de 1952). O respeito aproxima os corações, criando oportunidades e ampliando as perspectivas da vida.

Quero lhes falar sobre inspiração: muitos de nós temos um professor, um mentor, um guru que tenha sido uma referência em nossas vidas. Você, filha, rica nos mais puros valores que a vida nos oferece, por meio desta sua obra, poderá seguir inspirando pessoas a se tornarem seres humanos melhores. Sua alma é repleta de valores encantadores que fazem valer cada segundo da convivência com você. Não tenha dúvidas de que você ensina e transforma a vida daqueles que a cercam.

Querida filha, durante toda a vida aprendi e ensinei que temos que "fazer por merecer". As conquistas não são frutos da sorte ou do acaso, mas, sim, de uma construção que está sempre ocorrendo e se materializando pelo dinamismo da vida. E este livro é a prova real disso. Vivemos em um mundo de intensas transformações e, entre as mais atuais, estão a diversidade e inclusão das pessoas com deficiência. O tempo e a vida passam como o vento, mas sua obra ficará eternizada na memória dos leitores.

Obrigado, filha querida, por este maravilhoso legado, que é fruto do seu trabalho, seu desejo e sua esperança de fazer deste mundo um lugar melhor. Somos afortunados por poder colher os frutos do que plantamos como exemplos. Você pode – e deve – sentir-se orgulhosa e assim poder comemorar essa conquista, não como sua, mas como um instrumento para podermos evoluir como seres humanos. E, assim como tantos momentos da sua vida em que você nos surpreendeu e nos emocionou, não teria sido diferente agora, ao vermos o título do seu livro. Nessa sua obra intitulada IMPERFEITOS, você conseguiu transmitir, dentro da multidiversidade da humanidade, a perfeição que existe em cada um de nós. Ainda que muito jovem, demonstrou em seu livro maturidade e revelou nobres sentimentos capazes de tocar nossos corações. Motivo de orgulho para seus familiares e amigos, somos nós que agradecemos por você existir e fazer a diferença em nossas vidas; e, certamente, a partir de agora, conquistar um espaço no coração dos seus leitores. Deixo a seguir um poema de Cris Pizzimenti, que simboliza como você vê a vida:

"Sou feita de retalhos. Pedacinhos coloridos de cada vida que passa pela minha e que vou costurando na alma.

Nem sempre bonitos, nem sempre felizes, mas me acrescentam e me fazem ser quem eu sou.

Em cada encontro, em cada contato, vou ficando maior...

Em cada retalho, uma vida, uma lição, um carinho, uma saudade... que me tornam mais pessoa, mais humano, mais completo.

E penso que é assim mesmo que a vida se faz: de pedaços de outras gentes que vão se tornando parte da gente também. E a melhor parte é que nunca estaremos prontos, finalizados... haverá sempre um retalho novo para adicionar à alma.

Portanto, obrigado a cada um de vocês, que fazem parte da minha vida e que me permitem engrandecer minha história com os retalhos deixados em mim.

Que eu também possa deixar pedacinhos de mim pelos caminhos e que eles possam ser parte das suas histórias.

E que assim, de retalho em retalho, possamos nos tornar, um dia, um imenso bordado de 'nós'."

Com amor,

MAURO GOLDCHMIT

"Não deve haver limites para o esforço humano. Somos todos diferentes. Por pior que a vida possa parecer, sempre há algo que você pode fazer e ter sucesso nisso. Enquanto houver vida, haverá esperança."

STEPHEN HAWKING

APRESENTAÇÃO

Uma história que nos tira do piloto automático

A literatura, para mim, sempre foi uma das ferramentas mais poderosas para se fomentar empatia. Existem diversos estudos científicos que corroboram com minha afirmação. E este livro não traz apenas valiosas informações sobre inclusão e diversidade, ele é capaz de avivar a compreensão do tema para seus leitores.

É possível formar ideias sobre os pensamentos, motivações e até mesmo sobre as emoções de todos os personagens. Julie, a nossa protagonista, ao contar sua história, nos ajuda a compreender as pessoas e suas intenções, nos tirando do piloto automático simplista do julgamento imediato.

Como especialista em educação inclusiva, posso dizer que é através da socialização que desenvolvemos valiosos sentimentos coletivos, como o da solidariedade e cooperação. Sabemos ainda que diversidade e inclusão são assuntos antiquados, porém é o fato de não tomarmos consciência sobre eles que os fazem tão urgentes, necessários e atuais.

IMPERFEITOS nos faz refletir sobre injustiças, incorretos, inadequados, inaceitáveis, impróprios, inconvenientes, entre outros! Uma belíssima história sobre uma grande garota que valoriza as coisas simples da vida, como tomar um sorvete e compartilhar um sorriso.

Boa leitura!

CAROLINA VIDEIRA

Educadora, empreendedora social, co-CEO da Turma do Jiló, mestre em Neurociência e especialista em Gestão das Diferenças. Membro do Conselho de Direitos Humanos da Organização das Nações Unidas (ONU) do Brasil.

O efeito transformador de Julie

Em 2013 conheci a Julie, uma jovem sorridente, direta e falante, que havia sido encaminhada para uma avaliação neuropsicológica, o que é mais ou menos como desenhar um mapa de funcionamento de uma pessoa, por meio do exame de sua forma de pensar e de sua personalidade. Ao longo do primeiro encontro, além da fome de interagir, conheci uma garota arrastada pela sua própria correnteza, se afogando nas responsabilidades das demandas escolares. Chamo atenção para responsabilidade, pois o que a deixava ansiosa era corresponder literalmente ao que havia sido solicitado, com perfeição e sem jogo de cintura. Eu estava diante de uma outra forma de processamento das informações, em que a leitura das pistas sociais era diferente, junto de uma dificuldade em abrir mão de uma linha de pensamento, uma forma de pensar mais rígida.

Este é o coração do diagnóstico do transtorno do espectro autista: assim como as placas de trânsito estão para sinalizar caminhos e prevenir acidentes, as pistas sociais têm a mesma função, mostram os caminhos dos relacionamentos e previnem atribulações sociais. Há quase dez anos tenho a alegria de participar dos acontecimentos de sua vida, com as dores e as delícias que os acompanham. Nestes anos o redemoinho se transformou em correnteza a favor. Quanto mais Julie foi reconhecendo como funciona – desenhando seu senso de identidade –, reivindicando pelo que faz sentido para ela, ou seja, quanto mais foi se tornando si mesma, paradoxalmente foi mostrando maior mobilidade entre ela e o outro, marcando e transformando os papéis das pessoas que com ela convivem nas instituições da nossa sociedade.

Da menina que lanchava sozinha na biblioteca da escola, passou a trazer lanchinhos para o trabalho, chovendo espontaneidade nos cafés da tarde em ambientes burocráticos, florescendo valores humanos que enriquecem a todos, ampliando a nossa própria geografia de sentir e interagir. Espero que a onda do efeito Julie que me tocou e me impulsionou para a frente de diversas formas, assim como os outros em volta de seu epicentro, seja sentido também por você na leitura deste livro.

FERNANDA SPEGGIORIN P. ALARCÃO
Psicóloga, com pós-doutorado pela Faculdade de Medicina da Universidade de São Paulo (FMUSP). Especialista em avaliação neuropsicológica e de personalidade.

CAPÍTULO 1

Nasce uma pequena grande menina

A minha luta começa no dia 7 de novembro de 1996. Exatamente às 19h13 de uma quinta-feira, em São Paulo, minha mãe, Dafna, me pegou no colo pela primeira vez e sentiu em seus braços um corpo pequeno, com feições frágeis, medindo 45 centímetros de comprimento e não pesando mais do que 2,5 quilos. Abraçou-me com força e chorou contida, como se estivesse pressentindo algo. O choro era uma mistura de alegria pela vinda da segunda filha, mas também de agonia. Apesar de eu não ter nascido prematura e não ter tido nenhuma complicação durante o parto, minha mãe percebeu que algo ali estava diferente, fruto de uma intuição que só quem sente o amor de mãe entende — só não sabia dizer o quê.

Eu era um bebê diferente comparado ao que minha irmã, Mel — cinco anos mais velha que eu —, havia sido. Meu pai, Mauro, conta que, logo que entrou na sala de parto, percebeu que meu pé esquerdo estava torto. Um dos exames que fiz na maternidade dizia que eu tinha baixa audição no meu ouvido esquerdo. Nos primeiros dias em casa, quem me dava banho era o meu pai, porque minha mãe tinha receio pela fragilidade do meu corpo. Eu era tão frágil que não conseguia mamar direito e me engasgava com frequência. Tinha um choro fraco e parecia não ter forças para chorar.

Aos dois meses, meus pais notaram um movimento estranho nos meus olhos. Fui examinada por um neuropediatra, que suspeitou de convulsão. Fui internada e fiz uma ressonância magnética de crânio. Durante o exame, tive uma parada cardiorrespiratória que foi revertida imediatamente. Naquela época, não havia uma padronização quanto ao aspecto radiológico do cérebro de um bebê de dois meses. Dentro da sala de exames — onde estavam meu pai, meu avô (que também é médico), meu pediatra, Lauro Barbanti, e o neuropediatra —, o radiologista viu as imagens e disse que provavelmente eu não conseguiria andar nem falar. Meu pai me contou que naquele momento começou a chorar e teve que se sentar no chão, pois suas pernas perderam as forças.

Quando minha mãe soube do que havia sido dito, não se deixou abalar. "Eu não quero saber. Eu vou arregaçar as mangas e desenvolver a Julie do meu jeito!", respondeu. Então, os dois decidiram que meu pai continuaria trabalhando para dar o suporte financeiro que fosse preciso e minha mãe investiria todo o seu tempo para cuidar de mim. Um dos médicos que consultamos disse que na medicina as coisas podem mudar e que seria eu quem ditaria o meu próprio futuro. Dizer que uma criança não será capaz de andar nem falar é apenas uma especulação. É impossível prever o dia de amanhã. Enquanto muitos poderiam estar desesperançosos, meus pais foram os primeiros a acreditarem no meu potencial. **"EU VOU LEVANTAR ESSA MENINA!", DISSE MINHA MÃE COMO UMA SENTENÇA. E EU FICARIA ENCARREGADA DE CONSTRUIR O MEU PRÓPRIO DESTINO.**

Meu desenvolvimento foi lento, se comparado à média. Tive que tomar hormônio para crescer. Hoje tenho 1,48 metro de altura. Enquanto a maioria dos bebês já estava se sentando sem apoio aos seis meses, eu ainda não conseguia. Eu não tinha uma boa coordenação motora: batia palmas errado, não conseguia pegar os objetos direito e meus passos eram desequilibrados. Tudo era mais difícil para mim. Alguns médicos indicaram clínicas de fisioterapia para melhorar a minha psicomotricidade. Mas minha mãe preferiu me colocar na natação, por ser uma atividade que usa todas as partes do corpo.

Eu também tive estrabismo (desalinhamento entre os olhos) e ambliopia (baixa visão em um dos olhos). Precisei usar óculos e um tampão para melhorar a visão, mas não tive que fazer cirurgia de estrabismo, pois os óculos de grau corrigiam o desvio. A minha sorte é que meu pai é oftalmologista e especialista em estrabismo. Sempre cuidou muito bem dos meus olhos. Alguns meses depois do meu nascimento, precisei usar botas ortopédicas triarticuladas para corrigir a posição do meu pé esquerdo. Mais velha, fui submetida a uma cirurgia, na qual os médicos tiraram um pequeno pedaço do osso do meu quadril para colocar no meu pé, mas não funcionou.

Eu seguia uma rotina intensa e regrada de natação e idas ao médico, como pediatra, neurologista, ortopedista, otorrino, endocrinologista e oftalmologista. Mas a noite era o pior momento do dia. Eu não conseguia dormir bem, chorava das 6 da tarde às 10 da noite. Meus pais tentavam de tudo: trocar a fralda, me alimentar, me cobrir, me refrescar, me colocar no carrinho, dar voltas de carro, me pegar no colo, colocar paninho quente e até mandingas e simpatias. Nada funcionava. Aparentemente não havia nada de errado comigo. Até que não houve outro jeito a não ser fechar a porta do meu quarto e me deixar no berço chorando até as 10 da noite, horário em que eu costumava pegar no sono. Essa rotina de choros constantes durou dos três aos doze meses.

Minha mãe conta que esse foi um período muito difícil. Ela chorava várias vezes sozinha, principalmente no começo, quando ainda não havia nenhum sinal de que eu teria chances de aprender a andar e a falar. Por conta da exaustão, meus pais contrataram uma pessoa para auxiliar a minha mãe, que quase não conseguia dormir direito. Além de mim, ela também precisava cuidar da Mel. A sorte é que minha irmã sempre foi tranquila, paciente, compreensiva e uma aluna exemplar na escola. Mesmo com tudo isso, minha mãe nunca pensou em desistir. "Vamos em frente", dizia.

Com o tempo, no meu ritmo, fui me desenvolvendo. Apesar de ainda não saber falar, minha mãe percebeu que eu tinha capacidade de entender. Quando ela dizia "Vem no colo da mamãe", eu movia o meu corpo para a frente em sua direção. Eu escutava e entendia perfeitamente. Isso poderia ser um sinal positivo de que aprender a falar era só questão de treino e tempo. Foi quando comecei a fazer sessões de fonoaudiologia.

Aos oito meses, meus pais puderam ver, pela primeira vez, a minha alegria de viver. O meu ânimo de brincar, fazer atividades e estar junto às pessoas ficava cada vez mais visível. Eles começaram a me levar para passear e viajar. As pessoas me olhavam diferente e com certa curiosidade. Elas percebiam que eu não era como as outras crianças. Uma vez, perguntaram para minha mãe o que eu tinha, e ela respondeu: "Eu também não sei". O que sabíamos era que eu tinha um comportamento peculiar, mas ainda não havia nenhum diagnóstico. Naquela época, não se falava sobre autismo. Havia muitos mistérios em torno deste assunto. Por ter diversas condições e níveis, o diagnóstico do transtorno do espectro autista (TEA) muitas vezes é tardio e pode ser confundido inicialmente com outros transtornos, como o transtorno do déficit de atenção e hiperatividade (TDAH)[1].

Mesmo sem saber ao certo o que eu tinha, meus pais decidiram me colocar em um berçário regular. Minha mãe não aceitou quando a aconselharam a me matricular em um berçário especial. Ela sempre acreditou que conviver com crianças sem deficiência seria benéfico para o meu desenvolvimento, já que eu me forçaria a ser como elas. Aos poucos, dava os meus primeiros passos desajeitados. Com um ano e sete meses, o inesperado aconteceu: comecei a correr. E, a partir daí, não parei mais.

Eu não andava. Eu corria para todos os cantos da casa. Não havia quem conseguisse me segurar. Animada, feliz e ativa, eu fui como uma criança qualquer em fase de crescimento e descobertas. Mas até os meus três anos de idade eu ainda não sabia dizer uma palavra sequer. Até que, em uma das sessões de fonoaudiologia, a profissional disse: "Três anos é a idade-limite para aprender. Vamos começar a treinar a linguagem de sinais?". No mês seguinte, sem nenhuma explicação, eu consegui falar, não palavras soltas, mas frases inteiras.

Aos três anos, eu era capaz de andar, correr e me comunicar verbalmente. Se não fosse pela insistência da minha mãe, que contrariou tudo o que havia sido dito até então, hoje certamente eu não teria me desenvolvido tanto. Como bem disse um dos médicos, na medicina tudo pode mudar. Não podemos nos conformar, precisamos pelo menos tentar. Toda vez que diziam para minha mãe que algo não ia dar certo, ela respondia: "Nas minhas mãos vai!".

FASE ESCOLAR: SUPERANDO LIMITES, DERRUBANDO BARREIRAS

Alguns pais se conformam com a deficiência de seus filhos e acabam não explorando seu potencial. Preferem deixá-los em casa, às vezes com um cuidador, sendo que eles poderiam ter chances de se alfabetizar e desenvolver seus talentos. Por isso, meus pais nunca pensaram em me educar dentro de casa nem me colocar em uma escola especial. Eles sempre me incentivaram a interagir com todas as pessoas e a viver experiências como qualquer outra criança.

Na primeira escola em que estudei, não havia ninguém como eu. Todos os alunos pareciam conseguir acompanhar as aulas normalmente e fazer o dever de casa sem muitos problemas. Enquanto a maioria das crianças começava a aprender a ler e a escrever aos cinco anos, nos meus seis, meus pais precisaram contratar professoras particulares para ajudar na minha alfabetização. Além de eu ter muitas dificuldades, o método de ensino da escola era difícil e rigoroso. Mas minha mãe sempre me incentivava a ir até onde eu conseguia.

Apesar disso, eu era muito bem acolhida pelos alunos e professores. Fiz até uma viagem com eles um dia. Minha mãe ficou preocupada, pois eu precisava de ajuda para muitas coisas, devido às dificuldades motoras que tenho até hoje, como secar o cabelo, escovar os dentes e cuidar da minha higiene pessoal. Mas a professora quis me levar e garantiu que cuidaria de mim. Minha mãe fez uma mala já com combinações de roupa que eu usaria em cada dia, o que facilitou muito o trabalho dos professores e monitores, pois eu sempre tive muita dificuldade para fazer escolhas.

Conforme as crianças aprendiam a ler e a escrever e entendiam as matérias, fui tendo cada vez mais dificuldades e, com isso, deu para perceber quão diferente era o meu ritmo de aprendizado em comparação ao das outras crianças. Até que a diretora da escola chamou meus pais e disse que eu não teria mais condições de estudar lá. Embora eu tenha conseguido me alfabetizar, seria difícil acompanhar as outras crianças. Certa vez, um médico disse aos meus pais que haveria coisas que eu não seria capaz de aprender e que caberia aos outros se adaptarem a mim, não o contrário. Mas, naquela época, o tema da inclusão ainda era desconhecido e pouco explorado nas escolas. Se não conseguíamos nos adaptar ao local, éramos convidados a nos retirar. E foi isso que aconteceu.

Mudei para outra escola que também não tinha inclusão. Dessa vez, meus pais contrataram uma auxiliar para ficar comigo na sala de aula. Ela me ajudava a fazer as atividades e a entender melhor o que a professora estava explicando. Em paralelo, continuei fazendo aulas particulares, pois tinha muitas dificuldades em matemática, física e química. Com a ajuda dos meus pais, passava os finais de semana estudando para as provas. Apesar de ser difícil, nunca deixei de fazer uma lição sequer. Certa vez, em uma das aulas, a professora pediu que todos entregassem a tarefa de casa, mas ninguém havia feito, só eu. Ela começou a dar bronca em todo mundo. Então eu levantei e disse: "Gente, é simples, a professora pediu e vocês deveriam ter feito. Eu não entendo. Se eu consegui, por que vocês também não conseguiram?". Estudar, fazer as lições corretamente e tirar notas boas eram coisas muito importantes para mim. Eu estava sempre ansiosa e preocupada em entregar as tarefas no dia e alcançar a nota da média. Eu conseguia passar de ano com muita luta e esforço.

ESCOLA REGULAR × ESCOLA ESPECIAL

No Brasil, até 1950, pessoas que tinham deficiência eram vistas como doentes e separadas do restante da sociedade. Muitas vezes, eram negligenciadas e excluídas do convívio social ao serem mantidas dentro de suas casas, em hospitais ou clínicas psiquiátricas. Aos poucos, a sociedade foi percebendo que essas pessoas podiam frequentar qualquer ambiente, sobretudo a escola e o trabalho, não ficando restritas apenas a instituições e espaços familiares. Foi somente a partir da década de 1980 que os direitos da pessoa com deficiência foram reconhecidos pela legislação. Em 1981, foi declarado pela Organização das Nações Unidas (ONU) o Ano Internacional da Pessoa Deficiente (AIPD), que deu visibilidade ao tema, divulgando situações e más condições enfrentadas pelas pessoas com deficiência. Além disso, elas passaram a se enxergar como cidadãs, formando grupos e associações para lutar pelos seus direitos[2].

A partir dos anos 2000, torna-se fundamental a existência de inclusão social nas políticas educacionais. A Constituição Federal e a Convenção Sobre os Direitos da Pessoa com Deficiência — especificamente a Política Nacional de Educação

Especial na Perspectiva da Educação Inclusiva (2008)[3] e a Lei Brasileira de Inclusão (2015)[4] — garantem o direito de todos terem acesso à educação inclusiva. A legislação obriga escolas regulares a receber pessoas com deficiência, inseri-las no mesmo ambiente que as outras, promover o convívio entre elas e oferecer um aprendizado acessível. **ASSIM, HOUVE UM ENTENDIMENTO DE QUE A INCLUSÃO DE PESSOAS COM DEFICIÊNCIA — SEJA NA ESCOLA, SEJA EM QUALQUER OUTRO ESPAÇO — NÃO É UM FAVOR, MAS UM DIREITO UNIVERSAL.**

Por outro lado, a lei não proíbe a atuação de escolas especiais, por entender que sua função é complementar e terapêutica — ou seja, elas oferecem paralelamente todo o suporte necessário para ajudar uma pessoa com deficiência a superar as dificuldades, como redes de apoio, orientação e atendimento no contraturno. Além disso, existem crianças e adolescentes que, dependendo do grau de suas deficiências, podem se colocar em risco estando em um ambiente escolar regular. Portanto, a escola especial existe também para acolher as exceções. A Associação de Pais e Amigos dos Excepcionais (APAE) é pioneira neste trabalho. Com mais de 2 mil unidades espalhadas em todo o território nacional, a organização social sem fins lucrativos tem como objetivo promover a atenção integral à pessoa com deficiência, oferecendo atendimento na área de educação, saúde, capacitação e assistência social.

Apesar de hoje existir uma legislação que assegura os direitos da criança e do adolescente com deficiência, no geral, a educação inclusiva na prática é recente. A maioria das escolas regulares ainda não conta com o Atendimento Educacional Especializado (AEE), isto é, parcerias com especialistas em inclusão que auxiliam a escola a eliminar barreiras de aprendizagem e a construir um ambiente adequado às necessidades de cada estudante. Embora 85% das pessoas com deficiência estejam matriculadas em escolas regulares, apenas 17% das instituições possuem o AEE, segundo o Censo Escolar[5].

Alguns alunos acabam indo para escolas especiais por não conseguirem acompanhar o ritmo das escolas regulares, que ainda acreditam estar fazendo um favor somente por aceitá-los em sua instituição. Sem condições financeiras para contratar uma auxiliar e aulas particulares, somado à exclusão social e ao bullying, esses alunos são obrigados a frequentar espaços onde há somente pessoas com os mesmos perfis e onde podem contar com um método educacional que atenda suas demandas.

No meu tempo livre, eu gostava de brincar com as minhas Barbies. Eu tinha uma coleção e poderia passar a tarde inteira com elas. Na escola, ninguém queria brincar ou conversar comigo. Eu me sentia invisível. Tive uma infância solitária, assim como uma outra aluna que também tinha deficiência. Ela mal sabia ler e escrever. Eu lanchava sozinha no recreio, às vezes minha auxiliar ficava comigo ou eu ia conversar com a funcionária da biblioteca. **NINGUÉM PARECIA REPARAR NA MINHA PRESENÇA. ENTÃO, EU SUPRIA ESSA SOLIDÃO BRINCANDO COM AS MINHAS BONECAS, QUE ERAM COMO MINHAS AMIGAS.** Saíamos para trabalhar, passear no shopping, assistir um filme no cinema, comer em restaurantes. Tudo dentro da minha imaginação. Exatamente a vida que eu sonhava ter um dia.

Quando eu ia ao Clube Hebraica, ficava junto a minha babá, Rose. Havia muitas crianças brincando no parque, mas ninguém me chamava para interagir. Elas riam de mim e sempre perguntavam para Rose qual era o meu problema. As babás também me olhavam estranho e ficavam cochichando. Apesar de, na época, Rose ser muito jovem, ela sempre me tratou como se fosse a sua filha. Durante anos, ela morou na minha casa. Então passávamos muito tempo juntas. Ela era a minha grande companheira, e eu me divertia muito ao seu lado. Eu me sentia protegida e acolhida, pois Rose gostava de mim pelo que eu era. Toda vez que ela sentia que as pessoas estavam me observando, me levava para outro lugar. Eu não tinha noção do que estava passando, mas Rose sempre tentava me proteger.

Até que veio o meu primeiro bullying na escola. Alguns alunos passaram a me importunar todos os dias. Eles tiravam os meus óculos para dar risada dos meus olhos tortos por conta do estrabismo. Eu não sabia direito o que estava acontecendo. Eu era pequena perto das outras crianças e não tinha iniciativa, muito menos força física para reagir. Sempre fui ingênua e não acreditava que alguém poderia fazer maldade com o outro. Mas eu comecei a ficar assustada. Um dia, na porta da escola, perguntei ao meu pai se ele poderia subir na sala de aula comigo, pois estava com medo de entrar. Expliquei o motivo, e ele me tranquilizou e disse que era melhor voltarmos para casa. Foi a primeira vez que falei para os meus pais sobre esse assunto. Imediatamente fomos embora, e ele ligou para o diretor para marcar uma reunião.

No dia seguinte, tomei coragem e fui. Novamente os meninos tiraram os meus óculos e ficaram rindo de mim. Só que, dessa vez, meus pais estavam lá e foram avisados por um garoto: "Vocês são os pais da Julie, não é? Vão lá ver o que está acontecendo com ela". E eles puderam ver o que eu sofria na escola sem nunca poder contar com uma rede de apoio ou com alguém que tomasse alguma providência. O bullying sempre esteve escancarado, mas ninguém nunca interveio.

A EXCLUSÃO E O ASSÉDIO NAS ESCOLAS

Segundo uma pesquisa realizada pela Fundação Instituto de Pesquisas Econômicas (Fipe)[6], o maior alvo de discriminação dentro do ambiente escolar são pessoas com deficiência. Os pesquisadores entrevistaram cerca de 18,5 mil pessoas — que incluíam professores, alunos, pais, diretores e funcionários — de 501 escolas públicas de todo o país, e constataram que 96,5% têm preconceito contra pessoas com deficiência, especialmente a intelectual. Além de excluídos do convívio social, alunos com deficiência passam a sofrer maus-tratos de diversas formas, seja pela negligência dos professores em não incluí-los no processo de aprendizagem, seja pelo bullying cometido pelos colegas.

Carolina Videira, especialista em práticas inclusivas e gestão das diferenças e idealizadora do programa social Turma do Jiló, reconhecido pela ONU e premiado pela Prefeitura de São Paulo, que visa implementar a educação inclusiva dentro das escolas públicas, explica que, de acordo com a neurociência, o ser humano, por natureza, é preconceituoso. Por uma questão evolutiva, o nosso cérebro foi programado para o tempo todo estar em alerta e no modo sobrevivência. Por isso, tendemos a nos distanciar de tudo aquilo que não conhecemos, que nos parece diferente, pois não sabemos ao certo se isso pode nos oferecer perigo ou não. **NO ENTANTO, A DISCRIMINAÇÃO NÃO É ACEITÁVEL E DEVE SER COMBATIDA PELAS INSTITUIÇÕES DE ENSINO.**

Nas primeiras fases da vida, a criança reproduz tudo o que aprende dentro de casa. Toda vez que pergunta aos pais por que uma pessoa está na cadeira de rodas, eles costumam usar expressões capacitistas, como: "Ela é especial", "Não chegue perto dela", "Ela é doente", "Não fique olhando", "Ela tem problema" — além de termos depreciativos como "mongol", quando se referem a alguém com deficiência intelectual. As escolas, que deveriam exercer o papel importante de desconstruir preconceitos, acabam reforçando o tabu em torno do assunto. A começar pela sua abordagem capacitista, que trata alunos com deficiência como se fossem incapazes de aprender, trabalhar, fazer amizades, ter autonomia e ser independentes.

Assim, o cérebro da criança começa a ser moldado pelo preconceito, e ela pode passar a ter atitudes discriminatórias, excluindo e maltratando quem é diferente dela. Quando pais e professores não ensinam que todos, na realidade, são diferentes uns dos outros, ela entende que existe um padrão e que deve se manter longe daqueles que não se enquadram. A situação se torna ainda mais grave quando o aluno com deficiência não tem condições emocionais ou físicas para enfrentar essa violência.

De acordo com Carolina Videira, uma educação inclusiva não se caracteriza por permitir que pessoas com deficiência estudem em escolas regulares, mas por abraçar todas as diferenças, sejam elas culturais, étnicas, estéticas ou religiosas, reconhecendo e respeitando as individualidades de cada um. A Turma do Jiló, por exemplo, desenvolve a inclusão em todas as pontas do ensino escolar, desde a promoção de debates sobre diversidade com alunos, professores e famílias, até o treinamento do corpo docente e a reforma do espaço para torná-lo acessível a todos. Ela reforça que é imprescindível que o corpo docente tenha preparo e suporte pedagógico e psicológico para lidar com situações de discriminação em sala de aula e ensinar crianças e jovens a aceitarem as diferenças e a conviverem em harmonia.

Troquei de escola novamente e fui para outra que parecia ter me acolhido de verdade. Diferente da outra instituição, que exigia que eu tivesse o mesmo desempenho que os alunos sem deficiência, lá os professores me davam menos tarefas para fazer. Mas continuei sem amigas. Aos quinze anos, eu ainda brincava de bonecas. Enquanto a maioria das meninas nessa idade já iam ao cinema, restaurantes e festas, eu não podia ir. Não só porque eu não tinha amigas, mas porque eu ainda não tinha autonomia para andar sozinha. Eu sempre tive dificuldades para atravessar a rua, por exemplo. Para mim, é complexo assimilar todas as informações de placas, setas, cores do farol e carros passando e entender para onde devo seguir. Meus pais já tentaram me colocar na terapia ocupacional, mas existem coisas que são difíceis para mim até hoje. Então, por questões de segurança, passava a maior parte do tempo passeando com a minha família.

A pressão que eu tinha na escola de aprender as matérias, tirar notas boas e passar de ano começou a se transformar em ansiedade. Nas escolas onde estudei, os professores não tinham preparo para me ensinar. Eu ficava perdida e ansiosa, principalmente quando algo não fazia sentido para mim. Meus pais acharam melhor eu fazer uma avaliação neuropsicológica para investigar as possíveis causas da minha ansiedade. Foi quando conhecemos a psicóloga

Fernanda Alarcão. Para saber como meu cérebro funcionava, primeiro ela precisou examinar todo o meu sistema cognitivo, como atenção, memória, flexibilidade mental, quociente de inteligência (QI), entre outros, por meio de alguns testes. Um deles consistia em adivinhar as emoções de cada desenho de rosto. Eu não consegui diferenciar quem estava feliz, bravo, triste ou com dor. Era preciso que alguém explicasse para mim o significado de cada um para eu entender.

Fernanda nos orientou a adaptar meu currículo na escola. Apesar de eu ter uma memória excelente e a capacidade de ler com rapidez, tenho uma deficiência intelectual leve, o que dificulta o meu raciocínio em matérias que envolvem números. Eu não podia mais ser forçada a me encaixar em um método que não foi feito para o meu ritmo e estilo de aprendizado. Então, em vez de gastar o tempo insistindo em matérias que eu não seria capaz de aprender, passamos a investir naquelas que eu gostava mais e tinha habilidade, como história, literatura, inglês e espanhol. Embora o TEA não tenha sido citado no diagnóstico, a maioria das dificuldades que eu tinha, não apenas na escola, mas no meu dia a dia, foram esclarecidas.

O laudo do meu exame permitiu que eu fosse matriculada na escola sob regime de inclusão. A Fernanda foi até lá para explicar aos professores como a minha cabeça funcionava. A primeira coisa que ela disse foi que todas as informações precisavam ser passadas de forma clara, objetiva e traduzidas em verbos de ação. Por exemplo, eu não entendo quando dizem para mim "Faça essa tarefa até onde você conseguir", pois preciso de uma informação exata, como "Faça isso por dez minutos". Por ter a mente rígida, é difícil entender frases vagas, que não têm finalidade.

A instituição obrigatoriamente teve de fazer várias adaptações de acordo com as minhas dificuldades. Eu passei a não assistir mais a aulas de matemática, física e química. Nessas horas, ficava na biblioteca lendo livros — umas das minhas atividades preferidas. Assim como na outra escola, eu também tinha ajuda da minha auxiliar. Além disso, as provas eram adaptadas para o meu perfil. Tanto o ensino como a avaliação eram feitos de forma simplificada.

Mesmo com tudo isso, eu continuava sem amigos. Quando tinha trabalhos em dupla, ninguém me escolhia, e a professora acabava me colocando em um trio. Eu me sentia excluída, pois todo mundo conversava, brincava, se divertia como se eu não estivesse lá. Uma das minhas maiores vontades era fazer amizades, e, por um momento, isso pareceu impossível. Meus pais sempre me davam força, dizendo para eu seguir em frente. Eles nunca me privaram de viver experiências por conta desses empecilhos. Apesar de eu ter todo o apoio deles, precisei criar coragem e resiliência para enfrentar os problemas sozinha e reivindicar o meu lugar no mundo, onde todos podem se sentir confortáveis e acolhidos.

CAPACITISMO NA EDUCAÇÃO

Embora exista uma legislação que obriga escolas regulares a aceitarem crianças e jovens com deficiência, algumas ainda continuam recusando matrículas, seja porque não há estrutura necessária para recebê-los, seja porque subestimam a capacidade de aprendizado dessas pessoas. Tais motivos, muitas vezes, são justificados pela falta de vagas[7]. Carolina Videira conta que já foi aconselhada a se consultar com um terapeuta por ela acreditar que o seu filho, João, que não anda e não fala devido a uma hipotonia generalizada grave, era capaz de aprender. No entanto, ao se especializar em neurociência do comportamento, descobriu que, desde a década de 1980, o campo de estudo sobre o sistema nervoso comprova o contrário: todo cérebro está apto a se desenvolver. **SENDO ASSIM, A DIFICULDADE SE ENCONTRA NO SISTEMA DE EDUCAÇÃO E NO CURRÍCULO ESCOLAR — E NÃO NO INDIVÍDUO.**

Sem critérios tangíveis, o sistema educacional estabelece uma única média, a qual todos os alunos devem alcançar. Os que não conseguem acabam desenvolvendo várias questões internas acerca de sua capacidade, acreditando que o problema está em si e que eles não têm habilidades para exercer quaisquer atividades — o que desencadeia uma série de conflitos emocionais, como ansiedade, insegurança e depressão. Videira explica que existem diversos métodos de ensino, mas as escolas, ao utilizarem somente um, obrigam os alunos a se adequarem ao formato.

Diante deste cenário, os estudantes que não têm deficiência também são prejudicados pelo sistema educacional excludente, uma vez que todos têm, em algum nível, dificuldades no aprendizado. A escola que não respeita o ritmo dos alunos não oferece um ensino inclusivo e acessível e um suporte adequado para que todos consigam se desenvolver da melhor forma possível, cria a necessidade de se ter um reforço extra, o que faz com que pessoas com deficiência que não têm condições financeiras de investir em recursos complementares sejam ainda mais excluídas.

Partindo do entendimento de que a pessoa está acima de sua deficiência, uma escola verdadeiramente inclusiva não rotula os alunos pela sua dificuldade, mas se preocupa em identificar o que eles têm de melhor e investir em suas habilidades, oferecendo diversos métodos de ensino para que todos os alunos sejam capazes de aprender. As escolas que não têm inclusão acreditam que uma criança com deficiência pode atrapalhar o processo de aprendizagem das outras, sendo que, muitas vezes, elas já contam com plantões de dúvidas que servem justamente para ajudar aqueles que estão com dificuldades. Então, por que não oferecer esse suporte também ao público-alvo da educação especial (pessoas com deficiência, altas habilidades/superdotação e transtornos de aprendizagem)? É o que questiona Videira, que chama atenção para mais um detalhe: todos os alunos sem deficiência também podem sofrer durante o processo de aprendizado por diversos motivos. A conclusão a que se chega é que todos acabam ganhando com o processo de inclusão.

A deficiência só é vista como uma doença a ser combatida ou um problema a ser solucionado quando não há uma sociedade inclusiva, aberta para a diversidade e que promova acessibilidade nos espaços. O obstáculo não está na deficiência, mas no seu encontro com a sociedade, que ainda não eliminou as barreiras arquitetônicas, comunicacionais e atitudinais. A inclusão no Brasil ainda é novidade e há um longo caminho a percorrer.

Embora tenham acontecido várias mudanças positivas na minha vida depois que comecei a fazer terapia, minha ansiedade voltou a alcançar picos elevados. Toda vez que alguém descumpria combinados ou mudava a programação do dia, por exemplo, eu ficava aflita. Foi quando, em uma consulta com o psiquiatra, fui diagnosticada com TEA. O que antes parecia ser o comportamento de uma criança mimada, que queria fazer tudo do seu jeito, agora tinha uma explicação. Eu preciso seguir uma rotina regrada e ter organização, e quem convive comigo deve compreender que imprevistos e atrasos me deixam ansiosa.

Entendi também que as orientações explícitas são muito importantes para os autistas. Seja na escola ou no trabalho, precisamos de alguém paciente que possa nos explicar detalhadamente, passo a passo, sobre um determinado assunto. Quando conseguimos entender, tudo fica mais fácil. Por outro lado, se uma informação não é dada de forma clara, fico confusa e insegura, fazendo com que minha ansiedade aumente e eu comece a fazer perguntas repetidas de forma descontrolada. Durante esse tempo todo, tive dificuldades de aprendizagem em algumas matérias, de socialização, de realização de atividades esportivas, de compreensão de metáforas, entre outras. Isso me possibilitou entender um pouco mais sobre a minha história de vida.

Até os meus quinze anos, vivi sem saber que tinha autismo e sendo muitas vezes mal interpretada. Pessoas com TEA têm dificuldades de se colocar no lugar do outro. A minha psicóloga diz que é uma falha na teoria da mente, ou seja, uma deficiência cognitiva que me impede de formular teorias sobre a mente do outro. Em outras palavras, eu não consigo imaginar o que o outro está pensando ou sentindo. As pessoas que não entendem isso acham que sou inconveniente, pois não tenho filtro. Somos sinceros e diretos. Mas não temos a intenção de ofender ninguém. Uma das coisas que eu mais gosto na vida é de estar com as pessoas. Eu só funciono em uma lógica diferente. Acredito que todos nós temos dificuldades, independente de termos deficiência ou não. Meu pai conta que, certa vez, quando eu era criança, fomos levar a Mel na casa de uma amiga. Quando os pais dela abriram a porta, a mãe estava com um vestido de seda rosa e o pai era careca. Olhei para ela e disse: "Nossa, você ainda está de pijama!", logo em seguida, olhei para ele e perguntei: "O que aconteceu com o seu cabelo?". Meus pais e minha irmã ficaram com muita vergonha.

Eu era criança, então todos levaram na brincadeira. Mas até hoje sou assim, e, se as pessoas não souberem que tenho autismo ou não compreenderem minhas dificuldades, posso sofrer consequências sérias. Assim como Piero, também diagnosticado com TEA, filho de Bruno Caramelli, um amigo do meu pai. Ele conta que quando iam ao restaurante, Piero, ainda pequeno, vivia pegando a comida da mesa ao lado quando chegava primeiro que a dele. As pessoas costumavam achar isso engraçado, já que ele era uma criança. Porém, mais tarde, quando já era adolescente, Piero continuou com esse tipo de comportamento e causou muita confusão.

A vida das famílias de uma pessoa com deficiência, seja ela qual for, tem uma rotina diferente. Bruno conta que, uma vez, sua família estava se programando para fazer uma viagem. Para que ele, sua esposa, Inês, e Piero conseguissem sentar juntos no avião, acharam melhor comprar as passagens com um ano de antecedência. Piero, que na época tinha vinte anos, não podia ficar sozinho, pois poderia ter algum problema durante o trajeto. Por isso, era importante que os pais estivessem perto. No dia da viagem, eles decidiram entrar por último no avião, já que o filho poderia ficar impaciente esperando a hora de decolar. Só que, quando entraram no avião, a aeromoça informou que precisou ceder o lugar de Piero para uma idosa que estava de cadeira de rodas. Bruno não aceitou e exigiu que tivesse o lugar de volta, pois seu filho era autista e precisava se sentar junto aos seus pais. Os passageiros, sem saber de sua deficiência, já estavam se revoltando contra ele, dizendo que seu filho já era grande o suficiente para se sentar sozinho. Essa situação se resolveu, mas Bruno conta que ficou temeroso de fazer outra viagem.

Os pais e irmãos que convivem diariamente acabam se envolvendo muito com a situação. **QUANDO DIZEM QUE O ESTRESSE DE UMA MÃE DE UMA PESSOA AUTISTA É MAIS FORTE DO QUE O DE UM SOLDADO NO CAMPO DE BATALHA, É PURA VERDADE.** O tempo todo minha mãe precisa se antecipar para que as coisas não saiam do controle e eu fique segura. Quando fico ansiosa, preciso de total apoio e orientação para ficar mais calma. O envolvimento de outros familiares também vai depender de suas rotinas e, sobretudo, da sensibilidade de cada um. Mas é extremamente importante a participação e o apoio de todos.

Só que nem todo mundo consegue compreender e está disposto a se adaptar às necessidades do outro. Não é só a pessoa com deficiência que é excluída da sociedade. As famílias, sobretudo os pais, acabam sofrendo com isso também. As pessoas deixam de chamá-los para festas, jantares, viagens e encontros casuais. Por eu necessitar de uma rotina diferente, o dia a dia dos meus pais não é igual ao da maioria. Algumas vezes, fomos a restaurantes com outras pessoas, e elas ficavam bravas porque eu pedia a comida antes de elas chegarem. O "certo" é começar a comer quando todos estiverem na mesa. Mas, quando estou com fome, começo a ficar impaciente, e lidar com isso é difícil para mim. Também já desistimos de viajar com os outros, porque geralmente eles não entendem que tenho uma rotina diferente. Muitos não compreendiam o porquê de não irmos a certos eventos de amigos ou familiares. Demorou bastante tempo para eles perceberem que a deficiência não é algo simples de lidar. Só quem convive diariamente com uma pessoa com deficiência sabe quão desafiador são suas rotinas, ainda mais vivendo em uma sociedade cheia de barreiras.

Tive a sorte de sempre ter pessoas que me ajudaram. Meus pais me contam que minhas avós sempre estavam por perto. A minha avó Rosa, mãe do meu pai, sempre se dedicou a mim. Certa vez, comecei a perceber que ela não entendia o que eu falava, e eu achei isso muito estranho. Foi então que meu pai me contou que ela estava com Alzheimer, uma doença que faz as pessoas perderem a memória e outras funções mentais. Foi muito difícil entender que não iria mais conseguir me relacionar com ela. Demorei muitos meses para processar essa ideia. Continuo visitando minha avó e, mesmo ela não me reconhecendo mais, sei tudo o que ela fez por mim. Assim como a minha outra avó, Etienne, que sempre cuidava de mim quando meus pais iam viajar. Meu pai sempre viajou muito para congressos e, em muitos deles, minha mãe ia junto. Eles deixavam uma lista de nomes e telefones dos meus médicos, de possíveis remédios que eu poderia precisar, meu documento de identidade, minha carteira do convênio e uma longa lista de horários e orientações. Parecia uma cartilha de kit de sobrevivência que minha avó tinha que seguir. Imagino que ela não via a hora dos meus pais voltarem. Como nunca aconteceu nada, ela deve ter cuidado bem de mim.

Meus pais me contam que a minha irmã, Mel, já "abraçava a causa da inclusão" desde pequena. Aos três anos, ela era capaz de ter empatia pelo outro. Na escola, havia uma menina em sua classe que tinha síndrome de Down chamada Nathalie. Uma vez, a professora contou aos meus pais que em vários momentos a Mel espontaneamente ajudava a Nathalie quando ela precisava. Não havia preconceito. Para ela, isso era muito natural. Vinte e dois anos depois, eu estava na academia, fazendo ginástica, e um rapaz chamado Felipe se aproximou de mim e começou a conversar. Ele me convidou para ir até a sua casa e conhecer a sua família. Eu, que adoro me socializar, aceitei na hora. Minha mãe foi junto comigo e, no meio do caminho, lembro que ela me disse: "Julie, você gosta de fazer novos amigos!". Já na casa de Felipe, estávamos conversando quando descobrimos que ele era irmão da

Nathalie, a antiga colega da minha irmã. Isso alguns chamam de coincidência, mas eu acredito mais em sincronicidade.

Assim como a Mel, o Felipe vem de uma casa onde a inclusão é exercida desde sempre. **NÃO SÃO ESCOLHAS QUE OS IRMÃOS TÊM, MAS SIM UMA VIVÊNCIA PRÁTICA DE CONVIVEREM COM A DIVERSIDADE E PODEREM DESDE CEDO COMPARTILHAR DIFERENTES MOMENTOS, SEJAM ELES FÁCEIS OU DIFÍCEIS. NUNCA SABEREMOS O QUANTO ELES DERAM DE SI PARA FORMAR PARTES DE NÓS.** Esses irmãos são verdadeiros heróis e exemplos. Eles cresceram em um ambiente familiar onde o dia a dia é certamente diferente, pela presença de alguém com deficiência, ou melhor ainda, alguém diferente. Sou muito sortuda de ter uma irmã que é muito compreensiva e que gosta de mim.

Mel é uma das pessoas que mais me inspiram. Por ser minha referência, eu sempre quis fazer tudo o que ela fazia, por exemplo, sair à noite para festas, usar salto alto e trabalhar. Quando ela se casou e teve uma filha, eu quis ter a minha também, só que de forma diferente. Alguns meses depois, meu pai, de surpresa, apareceu em casa com uma cadela Pastor de Shetland chamada Charlotte. O adestrador Luis Oliveira, referência nacional em treinamento de animais, disse que Charlotte seria o cachorro mais apropriado para mim, devido à sua personalidade. A filha de Luis, Yara, treinadora de cachorros, ficou encarregada de me ajudar no adestramento. Quando Charlotte chegou em casa, pulou em mim como se soubesse que eu era a sua mãe. Foi um dos dias mais felizes da minha vida.

As pessoas precisam fazer a sua parte e aceitar as diferenças. Eu também faço a minha parte. Eu me esforço todos os dias para desenvolver habilidades sociais. Quando digo ou faço algo que pode ser inapropriado, meus pais me explicam o motivo e o porquê, e assim eu aprendo. Nem todo mundo é igual a nós, mas todos merecem respeito e atenção. Se as escolas onde estudei se preocupassem em conscientizar os alunos sobre a importância da inclusão e ensiná-los a praticá-la, eu teria tido amigos e não me sentiria invisível. Afinal, não basta apenas aceitar pessoas com deficiência, é preciso incluí-las. Em uma palestra que assisti da International Business Machines Corporation (IBM – Brasil), uma das maiores empresas da área de informática, foi dita uma frase que nunca me esqueço: **"NÃO ADIANTA ME CONVIDAR PARA O BAILE E NÃO ME TIRAR PARA DANÇAR"**.

A falta de conhecimento e interesse acerca da inclusão por parte da escola ficou evidente quando fiz uma monografia no ensino médio sobre o tema "Currículo adaptado e sistema de inclusão na visão do aluno e da comunidade escolar". Ao pedir que os alunos e professores respondessem um questionário de cinco perguntas sobre o assunto, tive poucos retornos. De trinta professores, apenas três, e mais alguns poucos alunos, participaram.

Foram várias tentativas, fracassos e conquistas em busca de soluções para minhas dificuldades. Meus pais dizem que, por mais que seja inevitável criar expectativas sobre os filhos, eles nunca se lamentaram ou pensaram em desistir por eu não conseguir ser como as outras crianças. Mas eu sempre fui estimulada a ir até onde eu conseguia chegar. Certa vez, perguntaram para minha mãe o que ela tinha feito para eu me desenvolver tanto, e ela respondeu: "O que eu não fiz?".

Antes de eu ser diagnosticada com autismo, procurávamos resolver as deficiências de forma pontual, sem a compreensão explícita de como o meu cérebro funcionava. A partir do momento que tivemos ciência do diagnóstico, todas as nossas ações ficaram mais fáceis de serem entendidas, o que não significa que ficaram mais fáceis de ser administradas. A minha luta só estava começando.

CAPÍTULO 2

Terra dos gigantes

Quando terminei o ensino médio, eu e meus pais decidimos que eu não faria faculdade. Minha vida na escola foi marcada por muitas conquistas, mas também por muitos obstáculos. Se na escola, que deveria ser um ambiente protegido, passei por situações de assédio e exclusão, na faculdade poderia ser ainda pior, já que, além de ser um espaço que exige independência e autonomia que eu ainda não tinha, a falta de inclusão no processo de aprendizagem faria com que eu me submetesse novamente às dificuldades de tentar acompanhar o ritmo de outros estudantes. Então, decidimos que eu iria trabalhar.

Diferentemente da faculdade, o trabalho é um lugar mais controlado. Meus pais saberiam exatamente quem estaria comigo todos os dias e poderiam ter o contato dessas pessoas para casos de emergência. Teoricamente, seria um lugar mais seguro — o que algumas vezes não foi. A primeira opção foi trabalhar no consultório do meu pai. Eu estaria mais protegida e não haveria grandes preocupações. Mas eu não quis. Desde pequena, quando brincava com as minhas bonecas, sempre me imaginei trabalhando em empresas grandes, onde eu pudesse fazer a diferença em uma equipe e com várias pessoas com quem poderia me comunicar todos os dias e fazer amizades. Eu havia lido o livro "Faça acontecer", que conta a trajetória da economista Sheryl Sandberg, diretora de operações do Facebook e considerada uma das mulheres mais poderosas do mundo, e queria ser igual a ela.

Na época, meu pai, que era chefe do setor de estrabismo do Departamento de Oftalmologia da Santa Casa de São Paulo, pediu um ano de afastamento sem remuneração para ter os horários comerciais livres e poder me ajudar a conseguir um emprego. Durante esse período, procuramos trabalho em livrarias e pet shops, já que gosto muito de ler e interagir com animais. Meus pais conversaram com colegas e amigos e se reuniram com especialistas para entender como funciona o mercado de trabalho para pessoas que têm deficiência. Entramos em contato com algumas empresas que tinham programa de inclusão e diversidade, mas havia nelas algumas barreiras que poderiam dificultar a minha adaptação, como ter apenas uma hora de almoço em um espaço grande onde eu teria que atravessar um corredor extenso para chegar ao refeitório. A maioria levaria apenas alguns minutos para fazer este trajeto, já eu, que tenho dificuldades para caminhar, demoraria muito mais.

Para algumas pessoas, este pode ser um detalhe insignificante, mas, para mim, faz muita diferença.

Por essas e outras razões, as empresas que havíamos visitado até aquele momento não se encaixavam no meu perfil. Meus pais então entraram em contato com vários conhecidos, perguntando se sabiam de alguma oportunidade de trabalho na qual eu pudesse me encaixar. Ana Maria Nubié, Chief Marketing Officer (CGO) da Figtree e amiga da família, conversou com mais de vinte pessoas à procura de alguém que pudesse me auxiliar. Até que ela nos apresentou para Andrea Alvares, que era executiva da PepsiCo, e se ofereceu para nos ajudar a encontrar empresas que tivessem inclusão. Por meio de seus contatos, Andrea tentou verificar quais empresas contratavam pessoas com deficiência. Ela me indicou para um banco internacional[8] que tinha um programa de estágio chamado Jovem Aprendiz. Esse programa oferece capacitação profissional para jovens — inclusive com deficiência física e intelectual. Decidimos investir nisso.

Alguns dias depois, recebi uma ligação do setor de Recursos Humanos (RH), que demonstrou interesse em me conhecer. Eu estava apreensiva e com medo, pois era a minha primeira entrevista de emprego da vida e não sabia o que esperar. Durante a conversa, eu disse que gostaria muito de trabalhar em uma empresa grande como aquela e ser uma jovem aprendiz. O recrutador me perguntou quais habilidades eu tinha, e respondi que a minha memória era muito boa e que eu conseguia ler um livro com mais de cem páginas em uma hora e meia e absorver todas as informações, como datas, nomes e sobrenomes. Fui aprovada, e eles me colocaram no cargo de assistente na área de marketing, de acordo com o que acreditavam ser melhor para explorar minhas habilidades. Fiquei feliz por conseguir um emprego. Mas, ao mesmo tempo, eu achava estranho o fato de que a maioria dos jovens da minha idade estava começando a faculdade, enquanto eu já estava iniciando a vida profissional. Toda vez que questionava isso aos meus pais, eles explicavam que o trabalho seria um lugar mais seguro do que a faculdade, justamente por ter programas que poderiam oferecer todo o suporte necessário para as pessoas com deficiência, além de ser um espaço onde eu teria mais ferramentas para desenvolver a minha autonomia.

Na primeira vez que entrei na sede do banco, fiquei impressionada com a altura do edifício. Tudo lá dentro era alto: tetos, balcões, elevadores, assim como os homens e as mulheres que trabalhavam lá. **APESAR DE EU SER PEQUENA PERTO DESSAS PESSOAS, POR DENTRO, EU ME SENTIA TÃO GRANDE QUANTO ELAS.** Nunca deixei de acreditar no meu potencial, e minha maior vontade sempre foi de contribuir para grandes realizações. Naquele momento, eu estava tendo a oportunidade de concretizá-la. Sentia-me grata pelas pessoas que acreditaram em mim e me deram a chance de poder trabalhar e fazer parte de uma equipe. Por isso, decidi escrever uma carta agradecendo a cada uma delas, inclusive ao presidente, por ter criado um programa que ajudava muitas pessoas com deficiência. Intitulei o texto de "A terra dos gigantes":

> Tenho 19 anos e minha altura é de 1,48 cm. Sou pequena!!!
>
> Quando vim pela primeira vez ao prédio para as entrevistas, fiquei impressionada com o tamanho dos corredores, dos elevadores, das escadas rolantes, mas principalmente com a quantidade de gente circulando no prédio. Gente grande... A minha experiência era de escola, com muito menos gente, todos pequenos...
>
> Falando da escola, terminei o terceiro ano do ensino médio em 2015, dentro de um programa de inclusão e com um currículo adaptado. Tenho algumas dificuldades, mas também sei fazer muita coisa: adoro computação, tenho um blog e sou uma devoradora de livros. Também estudo espanhol e

inglês. Adoro viajar e conhecer museus. Na escola, uma das minhas matérias preferidas era história.

E foi tentando superar minhas dificuldades, com a ajuda dos meus pais, que conheci o projeto que existe no banco para pessoas com algum tipo de dificuldade.

Há um mês, comecei a trabalhar como jovem aprendiz no setor de comunicação e marketing. Que ótimo que encontrei esse programa, pois muita gente pode se sentir feliz e útil como estou me sentindo. Sei que tenho muito para aprender, mas tenho muita vontade e sou muito esforçada. Vou agarrar essa oportunidade e dar o meu melhor.

Tem muita gente que eu queria agradecer pela oportunidade de estar aqui, que estão me dando todo o suporte para eu poder aprender como devo agir e ajudando com as minhas tarefas.

Já deu para perceber que o banco é muito grande e tem muitas áreas e funcionários, e eu, com o meu tamanho, quero tentar ajudar da forma que puder.

Um dia gostaria de conhecer o presidente para também agradecer por essa oportunidade maravilhosa que estou tendo. Quem sabe...

> Quero, na terra dos gigantes, poder fazer uma pequena diferença!
>
> **JULIE GOLDCHMIT**
> Jovem aprendiz

No dia seguinte, saí pelos corredores do escritório entregando a carta para cada pessoa que mencionei no texto e deixei uma cópia com a secretária do presidente para que entregasse a ele também.

Logo no primeiro dia de trabalho, reparei que a maioria das pessoas vestiam roupas sociais. Eu tinha acabado de sair da escola, então tinha o costume de usar apenas calça jeans e moletom. Voltei para casa e disse para minha mãe que queria me vestir igual a todo mundo, para me adequar ao mundo corporativo. Compramos roupas novas, e aquele foi um dos momentos mais importantes da minha vida. Quando me olhei no espelho com roupa de "executiva", senti que, pela primeira vez, eu poderia ser eu mesma. Minha autoestima aumentou. Eu estava tão bonita que não acreditava que isso estava acontecendo. Nunca fui elogiada na escola. Mas, quando chegava no escritório, as pessoas me elogiavam, dizendo que eu estava chique e elegante.

Acordava disposta a trabalhar todos os dias. O que me deixava empolgada era ver os meus colegas de trabalho e me sentir incluída. Eu levantava da cama às 6h40, vestia minha roupa social, tomava meu café da manhã — pão, iogurte e suco de laranja (doces apenas duas vezes na semana e nos finais de semana) — e saía de táxi para o trabalho. Às vezes, era minha mãe quem me levava, mas eu gostava de ir sozinha, pois me sentia mais independente. Uma vez por semana, eu participava do programa de capacitação profissional, onde tinha aulas de informática e código social. Foi lá que aprendi como me comportar em ambientes de trabalho e usar programas de computador, como planilhas, apresentação gráfica e e-mails.

REPARO SOCIAL E HISTÓRICO: A LEI DE COTAS

> Incluir pessoas com deficiência no mercado de trabalho tende a contribuir para eliminar a discriminação. A presença de pessoas com deficiência deixa ainda mais evidentes os preconceitos e barreiras arquitetônicas, comunicacionais, tecnológicas, metodológicas e atitudinais existentes no ambiente corporativo, gerando debates e incentivando melhorias nesses espaços. Além disso, também ajuda a desmistificar a mentalidade de que uma pessoa com

deficiência não é capaz de trabalhar. É por essa razão que a Lei de Cotas ainda se faz necessária.

O art. 93 da Lei nº 8.213/1991[9], chamada de "Lei de Cotas", obriga as empresas com cem ou mais funcionários a reservar de 2% a 5% das vagas a pessoas com deficiência e/ou reabilitadas pelo INSS, pela contratação formal, com registro em carteira. A porcentagem varia de acordo com o número de funcionários.

Como funciona a Lei de Cotas

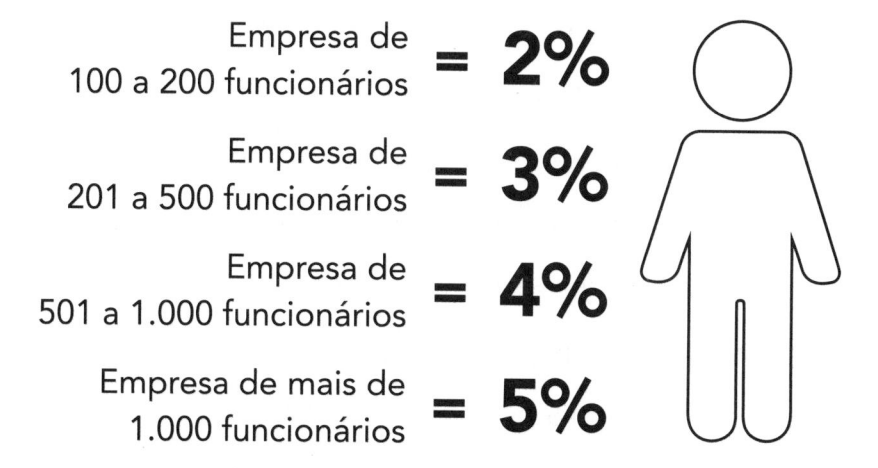

Empresa de 100 a 200 funcionários = **2%**

Empresa de 201 a 500 funcionários = **3%**

Empresa de 501 a 1.000 funcionários = **4%**

Empresa de mais de 1.000 funcionários = **5%**

BRASIL. Lei nº 8.213, de 24 de julho de 1991. Brasília, DF: Presidência da República, 1991. Disponível em: www.planalto.gov.br/ccivil_03/leis/l8213cons.htm. Acesso em: 15 dez. 2021.

Além disso, a Lei nº 11.788/2008, chamada oficialmente de Lei de Estágio, reserva 10% das vagas de estágio aos estudantes com deficiência e garante sua participação nos programas de trainee e em outras atividades. Isso significou um avanço importante na luta pela inclusão de pessoas com deficiência no mercado de trabalho.

Em 2006, foi assinada a Convenção Internacional sobre os Direitos das Pessoas com Deficiência da ONU, em Nova York, com o objetivo de garantir dignidade, equidade e igualdade de oportunidades. O Estado e a sociedade passaram a ter como dever a promoção das condições necessárias para que uma pessoa com deficiência possa gozar plenamente dos seus direitos. No contexto brasileiro, há uma coordenadoria no Ministério Público do Trabalho destinada exclusivamente para promover a inclusão de pessoas com deficiência no mercado de trabalho, chamada Coordigualdade, tendo como referência a garantia à acessibilidade prevista em vários instrumentos legais[10].

Marinalva Cruz, que tem deficiência física e atua há mais de catorze anos na área de RH e políticas para inclusão profissional de pessoas com deficiência, defende que a Lei de Cotas não é um privilégio, tampouco uma forma de fazer as empresas pagarem multa. Além de ser um instrumento de reparação histórica, devido às injustiças sofridas pelas pessoas com deficiência ao longo do tempo, as políticas afirmativas existem para garantir os direitos básicos de todos os cidadãos e provar que, antes da deficiência, há uma pessoa com plena capacidade e habilidade para exercer uma profissão. Por essa razão, a terminologia também mudou. **HOJE, NÃO SE PODE MAIS DIZER "DEFICIENTE FÍSICO", "PORTADOR DE DEFICIÊNCIA" OU "PESSOA ESPECIAL"; O CERTO É DIZER "PESSOA COM DEFICIÊNCIA", COLOCANDO SEMPRE A PESSOA EM PRIMEIRO LUGAR.**

A promulgação da Lei de Cotas completou trinta anos em 2021. De lá para cá, houve um crescimento e um avanço importante na inclusão de pessoas com deficiência no mercado de trabalho.

Número de pessoas com deficiência empregadas no ano de 2000

Das 422.162 vagas reservadas para pessoas com deficiência e/ou reabilitadas pelo INSS apenas 47.980 estavam ocupadas — um déficit de 89%.

Número de pessoas com deficiência empregadas no ano de 2021

Das 774.695 vagas reservadas para pessoas com deficiência e/ou reabilitadas pelo INSS

418.138 estavam preenchidas, ou seja, o déficit foi reduzido para 46%.

Radar SIT — Painel de Informações e Estatísticas da Inspeção do Trabalho no Brasil. Disponível em: https://sit.trabalho.gov.br/radar. Acesso em: 15 dez. 2021.

Apesar do avanço, quase metade das vagas ainda não foram preenchidas. O censo demográfico de 2010, realizado pelo Instituto Brasileiro de Geografia e Estatística (IBGE), aponta que existem 45,6 milhões de pessoas com algum tipo de deficiência no Brasil[II], sendo que 8,9 milhões têm idade entre 18 e 64 anos e possuem comprometimentos físico, sensorial, intelectual e/ou mental. Ou seja, a quantidade de pessoas com deficiência em idade economicamente ativa no país é suficiente para preencher dez vezes o número total de vagas reservadas pela Lei de Cotas em empresas com cem ou mais empregados. Além disso, Marinalva ressalta que, no que diz respeito à Lei de Estágio, ainda são raras as empresas que cumprem a cota.

A gestora explica que ainda há alguns percalços pelo caminho que impedem que a Lei de Cotas seja cumprida de maneira efetiva. De um lado, as empresas argumentam que não encontram um número suficiente de pessoas com deficiência que tenham qualificação para ocupar as vagas reservadas pela lei. Do outro, no entanto, profissionais com deficiência se queixam da falta de vagas, bem como da disponibilidade apenas de posições que não exigem formação. Por essa razão, a Lei de Cotas deve ser fiscalizada com rigor, mas, acima disso, interpretada como o pontapé inicial para promover a inclusão em todas as esferas, a fim de combater as barreiras que travam o exercício pleno da pessoa com deficiência no âmbito profissional.

Eu chegava no trabalho às 8h30 da manhã e meus chefes, às 10 horas. Minhas atividades eram voltadas para a parte de pesquisa, mas eu sentia falta de uma atenção maior e uma explicação mais detalhada. Essa falta de orientação fazia com que, muitas vezes, eu entregasse um trabalho que não estava de acordo com o que eles queriam. E comecei a perceber que eu não estava me desenvolvendo profissionalmente.

Nesse tempo em que eu ficava esperando os meus chefes chegarem para me passar as tarefas, eu passeava pelos corredores, conversando com as pessoas e tentando fazer amizades. No começo, eu era tímida, ficava quieta no meu canto, sem conversar com ninguém. Mas, com o passar dos dias, comecei a perceber que, diferente da escola, as pessoas pareciam reparar na minha presença. Elas me cumprimentavam, conversavam comigo, demonstravam gentileza, sorriam para mim. E esses gestos me deixavam à vontade para interagir com elas também. Passei a dar bom dia para a recepcionista, cumprimentar as pessoas no elevador e dar oi para todo mundo do escritório.

Toda vez que eu percebo que tenho algo em comum com alguém, sinto que faço parte da sociedade e que sou igual a todo mundo, e logo quero fazer amizade. Certo dia, uma colega de trabalho chamada Malu, que se sentava perto de mim no escritório, me contou que tinha uma cachorra com o nome de Chiquita. Fiquei encantada. Percebi que tínhamos algo em comum: gostávamos de cachorro. E foi assim que surgiu a minha primeira amizade no trabalho.

Eu sempre tive uma rotina de tomar lanche no meio da manhã e no meio da tarde. Quando comecei a trabalhar, quis levar essa rotina para os ambientes de trabalho. Então, no dia seguinte, convidei Malu para tomar um lanche comigo e levei bolachas e água de coco para ela. Contei a minha história de vida, ela contou a dela e me mostrou as fotos da Chiquita. Ela me perguntou como eram as minhas amizades na escola, e respondi que me sentia invisível. Aquele foi um momento muito especial, pois eu sempre quis ter uma companhia nos meus horários de intervalo, e a Malu foi a primeira pessoa que quis tomar café comigo e, mais do que isso, ser minha amiga.

Malu quis me apresentar para a Soraia, que depois de um tempo me apresentou para a Thaís. Todas elas eram mais velhas do que eu, mas tínhamos muitas coisas em comum. A Thaís também tinha um cachorro, e eu sempre quis vê-lo. Um dia, ela pediu para o seu irmão levar o cachorro de táxi até o escritório. Ele fez questão de atravessar a cidade só para eu poder conhecê-lo. Logo formamos um trio, que até hoje chamo de "best friends" ("melhores amigas", em português).

Então descobri que podia ter amigos. Passei a convidar colegas, chefes e copeiras para tomarem café comigo em meus horários de intervalo. Por eu ser ingênua, a Soraia me ajudava a selecionar pessoas que eram confiáveis e que seriam boas companhias para mim e me auxiliava com a agenda de datas e horários dos encontros. Eu levava duas barrinhas de cereal, uma para mim e outra para minha companhia do dia. Esta foi uma estratégia que criei para deixar esses momentos mais atrativos. Durante a conversa, eu perguntava sobre a vida da pessoa, pois queria conhecer tudo sobre ela — como a minha mãe diz, eu gosto de "descobrir o outro".

A hora do café era um dos momentos que eu mais gostava no trabalho. Eu tinha quinze minutos de descontração, podia conversar, fazer novos amigos, dar boas risadas, tirar fotos para postar nas minhas redes sociais e, principalmente, trocar ideias com as pessoas — algo que até então nunca havia experimentado. Eu ficava entusiasmada em ter amigos e me sentir parte de um grupo. **EM UMA ORGANIZAÇÃO, EM QUE O DIA A DIA É VOLTADO PARA METAS E PRAZOS, TER UMA PESSOA QUE CONVERSA DE FORMA ESPONTÂNEA COMO A MINHA E QUE REÚNE PESSOAS DE VÁRIAS POSIÇÕES HIERÁRQUICAS TORNA O CLIMA MAIS LEVE E EMPÁTICO.** Uma diretora disse que eu humanizo o ambiente, pois as pessoas acabam dando mais atenção umas às outras nesses encontros que eu costumava promover nos horários de intervalo.

Minhas melhores amigas eram as minhas maiores companheiras. Quando saíamos para almoçar nos restaurantes, de vez em quando, elas pagavam para mim. Eu achava ótimo e guardava o meu dinheiro de volta na carteira. Um dia, comentei com os meus pais, e eles disseram que quando alguém se oferece para pagar a conta precisamos ser educados, agradecer e retribuir na próxima vez. Certa vez, ao receber o troco, deixei cair uma moeda no chão. Agachei para procurar, mas não encontrei. Então, virei para a moça do caixa e perguntei "Me dá outra?". Minhas amigas riram e depois me explicaram que ela não poderia fazer isso, pois aquele era o meu troco. Por eu ser inocente, elas tinham muito receio de que as pessoas pudessem me roubar, então sempre me lembravam de conferir os trocados, guardar o celular e segurar a bolsa direito. Elas eram as minhas verdadeiras guardiãs!

Malu, Soraia e Thaís nunca me deixavam sozinha, sempre cuidavam de mim, me ajudavam no que eu precisava e compreendiam o meu jeito de ser. No trabalho, quando uma delas marcava um almoço comigo, mas na hora precisava cancelar por algum imprevisto, ela avisava as outras para que fossem no seu lugar. Elas se revezavam para não me deixarem sozinha. Um dia, Soraia precisou cancelar um compromisso comigo. A sua avó havia falecido. Na hora, eu disse para ela que não deveria desmarcar só por esse motivo. Ela mandou uma mensagem para os meus pais dizendo: "Só a Julie para me fazer rir no velório". Então, meus pais me explicaram, e eu entendi que o velório era importante e que eu podia remarcar o meu compromisso com ela. Muitas vezes, preciso de um tempo ou uma ajuda para compreender os acontecimentos que fogem do meu controle. Agora estou começando a entender que, por várias razões, um compromisso pode ser cancelado ou as coisas podem mudar de rumo. Aos poucos, vou aprendendo a lidar melhor com tudo isso. Mas nada melhor do que ter amigas que entendem e me aceitam como sou. Isso torna o meu processo de aprendizagem menos difícil e até divertido.

Eu sempre quis ter pessoas especiais na minha vida, além da família, com quem pudesse compartilhar momentos felizes, conversar e fazer programas juntos. Com as minhas melhores amigas eu pude fazer tudo isso. Elas não eram apenas amigas de trabalho, saímos de final de semana também. De vez em quando, uma ia na casa da outra ou passeávamos no shopping. Nunca tive motivos para duvidar da nossa amizade. Elas já fizeram coisas por mim que ninguém nunca havia feito, e não é todo mundo que está disposto a fazer isso pelo outro. Algumas amizades são tão fortes que já fazem parte da família. Eu me divertia muito com elas e, acima de tudo, me sentia segura. Era um mundo que até então eu não conhecia, mas com que sonhava todas as vezes que brincava com as minhas bonecas. De repente, este sonho se tornava realidade.

Três meses depois, o presidente do banco, a quem tinha enviado a carta de agradecimento, me chamou para ir até a sua sala, pois queria me conhecer. Quando cheguei com a minha equipe, logo reparei na televisão enorme que havia no meio da sala e achei estranho. A primeira coisa que eu perguntei para ele foi: "Você está brincando que você assiste televisão no horário de trabalho?". Todos riram. Depois eu entendi que a televisão também servia para realizar videoconferências. Fiquei muito feliz em conhecê-lo e quis escrever uma carta agradecendo pelo seu tempo.

> São Paulo, 12 de junho de 2016
>
> THANK YOU! ("Obrigado", em português)
>
> (...)
>
> Quero agradecer a todos que possibilitaram essa oportunidade e ao presidente pelos minutos preciosos do seu tempo que destinou a mim, uma jovem aprendiz. Essa experiência foi marcante na minha vida e ficará para sempre na minha memória.
>
> Eu adoro trabalhar nesse banco que já faz parte da minha vida. Trabalho com pessoas maravilhosas que me respeitam e me ajudam todos os dias. Sempre

aprendo coisas novas. Espero poder corresponder com meu trabalho, ganhar sempre a confiança dos meus chefes e colegas e ter uma longa carreira. Vou contar um segredo: eu nunca tinha tido uma amiga ou amigo, mas hoje já tenho vários!!!

A vida continua, ele [presidente] com o trabalho e responsabilidade na presidência e eu com a minha responsabilidade como jovem aprendiz no setor de comunicação e marketing.

Mas ainda tenho um pedido: que a organização nunca esqueça do projeto de inclusão que é tão importante para nós, pessoas com algum tipo de dificuldade. (...)

Dessa forma, podemos, do nosso jeito, participar de uma sociedade que reconhece, aceita e respeita as diferenças. Todos nós deveríamos ter os mesmos direitos que as pessoas sem dificuldade, e isso eu achei muito legal nessa organização.

Presidente, obrigada por ter me recebido na sua sala. Adorei nossa conversa!

JULIE GOLDCHMIT
Jovem aprendiz

Alguns colegas de trabalho já me disseram que eu sou aquela pessoa que fala o que todo mundo gostaria de dizer mas não tem coragem, e isso torna o ambiente mais transparente e descontraído. Em um dos cafés da manhã coletivos promovidos pelo banco, uma das minhas chefes havia trazido uma bolacha que eu não gostei; na hora, eu disse a ela: "Eu não gostei dessa bolacha, é dura. Você poderia trazer uma mais gostosa, com recheio, da próxima vez?". Todo mundo riu e concordou comigo. Foi um dia gostoso. Outro episódio foi quando minha chefe remarcou três vezes a data da reunião festiva de final de ano. Em todas essas vezes, precisei cancelar meus compromissos para poder participar. Na última vez que ela mudou a data, eu disse: "Será que ela acha que eu não tenho mais o que fazer do que ficar marcando e desmarcando os meus compromissos?". Talvez fosse o que todos gostariam de ter dito, mas só alguém com o meu modo de raciocinar, sem filtros sociais, poderia ter falado isso.

Em pouco tempo, eu já conhecia boa parte das pessoas que trabalhava lá e comecei a ser convidada para almoçar fora. Todos pareciam gostar de mim e querer a minha presença nos lugares. Uma paciente do meu pai, que coincidentemente trabalhava no mesmo lugar que eu, viu em seu consultório um porta-retrato com uma foto minha e disse: "Você é o pai da Julie? Toda vez que eu a vejo, ela está rodeada de pessoas, rindo e se divertindo. Essa menina é um encanto! Amanhã vou convidá-la para tomar um café". Nunca havia me sentido tão querida. Na escola, eu me sentia invisível; agora, eu estava rodeada de pessoas. Eu estava muito feliz trabalhando lá.

Essa felicidade, no entanto, começou a incomodar algumas pessoas. Certo dia, meus chefes me chamaram para conversar. Eles me levaram até uma sala, fecharam a porta, me olharam por cima e disseram que eu não podia ter amigos, que deveria chegar no trabalho, ficar quieta e não conversar com ninguém. "Você está aqui para trabalhar, não para fazer amigos", finalizaram. Fiquei assustada e voltei para a minha mesa, calada, sem olhar e falar com ninguém. Contei para os meus pais, pois eu não conseguia entender por que eu não podia fazer amizade. Fiquei confusa e aflita. Eles explicaram que estava tudo bem e que eu poderia, sim, ter amigos. Eu entendi e, no dia seguinte, continuei conversando com as minhas amigas normalmente. Depois do que aconteceu, toda vez que alguém me chamava para entrar em uma sala, eu ficava com muito medo. As pessoas precisavam me tranquilizar e me explicar com antecedência o motivo da conversa. Mas o pior ainda estava por vir.

Em junho daquele mesmo ano, o banco organizou uma festa junina, que aconteceria no próprio escritório. Todos os funcionários foram convidados formalmente pelo e-mail, inclusive eu. Como o meu expediente era no período da manhã, já havia desligado o computador antes de receber o convite. Mas, ao passar pela secretária, indo em direção à porta de saída, ela me parou e disse: "Julie, vai ter festa junina hoje à tarde. Venha para a festa!". Uma colega que estava passando pelo corredor naquele momento também me incentivou a ir. Fiquei animada e respondi que gostaria de participar, mas que precisava avisar à minha mãe antes. Peguei o telefone e liguei para ela. Como todos estariam vestidos a caráter, minha mãe sugeriu que eu voltasse para me trocar. Eu queria ir bonita, pois era a minha primeira festa corporativa. Quando cheguei em casa, corri para o quarto, pois estava ansiosa para me arrumar. Minha mãe fez trancinhas no meu cabelo, me maquiou e me vestiu com camiseta xadrez, calça jeans e bota. Eu estava me sentindo acolhida e importante por ter sido convidada. Uma sensação única, que eu nunca havia sentido antes.

Cheguei na festa no horário combinado, às 16 horas. O andar inteiro do escritório estava decorado, com comidas típicas e músicas de festa junina, e algumas pessoas estavam a caráter, vestindo camisa xadrez e saia rodada, rindo e conversando. Eu estava encantada com tudo aquilo e queria logo encontrar minhas amigas para nos divertirmos juntas. Mas antes fui cumprimentar a minha chefe. Quando me aproximei dela e disse "Oi", ela se virou para mim com os olhos arregalados e perguntou: "O que você está fazendo aqui?". "Vim para a festa junina", respondi. Mas ela retrucou e parecia estar nervosa: "Mas você precisava ter me avisado antes!". Nessa hora, ela elevou o tom de voz e eu fiquei sem saber o que dizer. Todos estavam olhando. Comecei a ficar assustada.

Soraia tentou interferir, dizendo para deixar eu ficar, mas foi logo aconselhada a não se intrometer. Ela poderia se prejudicar, já que eu não fazia parte da sua equipe. "Quem você pensa que é? Não era para você ter vindo. Você não foi convidada!", continuou gritando. "Você vai ligar para sua mãe agora e ir embora!" Logo em seguida, me pegou pelo braço e me levou para falar com o superintendente da área, que, nesse momento, estava atrás da bancada de comidas trabalhando em sua mesa. Quando cheguei na mesa do superintendente, parei em sua frente, calada, sem saber o que dizer. "Conta o que aconteceu para ele!", ordenou ela. Estava nervosa, mas consegui abrir a boca para falar: "Desculpa por eu ter vindo em uma festa que não fui convidada. Eu fui intrometida". Eu acreditei verdadeiramente que eu havia feito algo muito grave e que precisava pedir perdão para as pessoas. Não entendendo nada, ele respondeu: "Julie, já que você está aqui, fique". Mas a minha chefe insistiu: "Não, a mãe dela já está vindo buscá-la". Eu ainda não havia ligado para a minha mãe.

Eu me encolhi em um canto do corredor. Estava me sentindo envergonhada, pensando o tempo todo que havia ido em uma festa sem ser convidada. Não me lembro exatamente como eu estava naquela hora, mas Soraia, que havia tentado me defender, contou que me encontrou tremendo, com os braços cruzados, como se estivesse sentindo muito frio. Eu estava com medo. Ela se aproximou de mim, pedindo para que eu voltasse para a festa, mas eu não conseguia parar de pensar que havia ido em uma festa sem ser convidada. Eu perguntei se ela já havia passado por isso também, e ela respondeu que sim, várias vezes, mas que sempre aproveitava a festa até o final, e que eu deveria fazer o mesmo. Ela reforçou dizendo que cortaria o bolo e daria o primeiro pedaço para mim. Mas eu insistia em dizer que não havia sido convidada. Soraia tentou me convencer do contrário, explicando que quem estava errada era a minha chefe, porque, afinal, eu havia recebido o convite por e-mail, só não tinha visto.

Soraia pediu para o garçom cortar o bolo e o comemos juntas. Estávamos na entrada do andar junto a alguns colegas. Quando minha mãe foi me buscar, pegamos o elevador juntas, e a Soraia foi me tranquilizando. Tirou foto comigo e postou nas redes sociais, pois sabia que era algo que eu gostava muito. Tentou de diversas formas me acalmar, dizendo que já havia passado por isso também. Eu ainda estava triste, mas ainda bem que Soraia estava lá para me acolher naquele momento tão difícil. Apesar de estar sentindo muita vergonha, ela conseguiu amenizar este sentimento, despertando em mim uma sensação de segurança. Antes de entrar no carro, dei um abraço nela e disse: "Obrigada por ser a minha amiga".

Durante o trajeto para casa, minha mãe percebeu que eu estava diferente e com um olhar assustado. Eu estava pensativa, tentando entender o que havia acabado de acontecer. Quando chegamos, ela perguntou se algo havia acontecido e respondi apenas que eu não deveria ir para os lugares sem ser convidada. Ela não entendeu nada. E eu também não sabia como explicar. Meus pais sempre evitaram conflitos com as pessoas, principalmente em situações que me envolviam. Desde a escola, eles me orientavam a sempre me impor com a verdade, não omitir nenhuma informação por medo ou vergonha e enfrentar as dificuldades com coragem. Nessa época, eles ainda não tinham proximidade com as minhas amigas do trabalho. Mas, ao ver que eu estava muito assustada e sem saber a quem recorrer, a única saída foi conversar com a área de RH.

Minha chefe acabou não levando nenhuma advertência pelo que fez, nem meu outro chefe por ter me dito que eu não podia ter amigos. O preconceito, no entanto, não estava presente apenas nessas duas ocasiões. A discriminação já existia muito antes, quando eles me deixavam sem tarefas pela manhã, não me ensinavam a executá-las direito e ainda diziam que eu era uma má funcionária toda vez que eu errava. Pelo meu bem, meus pais preferiram não entrar com um processo na Justiça — que certamente ganharíamos —, pois tudo isso me submeteria a uma situação desgastante, que me deixaria ainda mais aflita e ansiosa. Conversando com o RH, achamos que a melhor solução seria me trocar de área. Fiquei um mês afastada até que as coisas se resolvessem.

ASSÉDIO CONTRA PESSOAS COM DEFICIÊNCIA NO AMBIENTE DE TRABALHO

Historicamente, pessoas com deficiência sempre foram consideradas pela sociedade como corpos fora do "padrão". Durante a República Romana (509 a.C. a 27 a.C.), a legislação, expressa pela Lei das 12 Tábuas, atribuía ao pai o direito de matar o filho caso nascesse com alguma deficiência. Embora essa prática tenha sido abolida há muito tempo, a discriminação nunca deixou de existir e continua fortalecendo vieses inconscientes, isto é, preconceitos com base em gênero, raça, deficiência, orientação sexual, classe social, entre outros, que definem nossas atitudes e pensamentos sem que tenhamos consciência disso.

No mercado de trabalho, esses vieses ainda permeiam a cultura das empresas e se manifestam de forma direta ou indireta. De acordo com o advogado e professor César Eduardo Lavoura Romão, membro da Comissão de Direitos das Pessoas com Deficiência da OAB/SP e desenvolvedor de projetos de diversidade e inclusão, a discriminação direta se configura na ação intencional de ofender uma vítima determinada, seja por meio de piadas, humilhações, agressões verbais ou físicas. Já a discriminação indireta acontece de forma sutil com o "efeito de prejudicar", impedindo a participação de vítimas indeterminadas — por exemplo, edificações sem rampas ou elevadores, sites ou aplicativos sem acessibilidade digital ou ações capacitistas que subestimam a capacidade das pessoas com deficiência de aprender e executar uma atividade. O art. 4º, §1º, da Lei Brasileira de Inclusão, prevê que:

> Considera-se discriminação em razão da deficiência toda forma de distinção, restrição ou exclusão, por ação ou omissão, que tenha o propósito ou o efeito de prejudicar, impedir ou anular o reconhecimento ou o

exercício dos direitos e das liberdades fundamentais de pessoa com deficiência, incluindo a recusa de adaptações razoáveis e de fornecimento de tecnologias assistivas[12].

Hoje em dia, a sociedade está mais atenta em relação às pautas sociais, não tolerando mais condutas machistas, racistas, homotransfóbicas, capacitistas etc. Consumidores e investidores estão cada vez mais fiscalizando e cobrando as empresas por um posicionamento no que tange à inclusão. As organizações, por sua vez, estão mais preocupadas em adotar políticas de tolerância zero, não permitindo mais ações discriminatórias, a fim de preservar a sua imagem e evitar multas e indenizações.

Uma das formas de manifestação da discriminação na esfera trabalhista é o assédio moral, configurado quando há conduta abusiva (ato ilícito), danoso à integridade física ou psíquica ou à dignidade de uma pessoa, de forma sistematizada ou repetitiva, que ameace o emprego ou o ambiente laboral, seja através de palavras, gestos ou comportamentos. De acordo com César Romão, o assédio direto e intencional já vem sendo combatido nos últimos tempos. Por ser mais visível, esse tipo de assédio é facilmente identificado, e as chances de se provar como tal perante a Justiça são maiores.

O problema, segundo o advogado, é quando o assédio ocorre de forma sutil e discreta. A barreira atitudinal é a maior dificuldade enfrentada pelas pessoas com deficiência, já que dificilmente pode ser provada e levada à Justiça, como ter o acesso a um cargo ou promoção negado em razão de sua deficiência. Mas, se comprovado, constitui crime conforme art. 8º, inc. III, da Lei nº 7.853/89.

> Art. 8º Constitui crime punível com reclusão de 2 (dois) a 5 (cinco) anos e multa:
> (...)
> III — negar ou obstar emprego, trabalho ou promoção à pessoa em razão de sua deficiência.

A discriminação indireta no ambiente de trabalho também acontece quando as pessoas com deficiência não recebem tarefas ou ficam encarregadas apenas de funções pouco relevantes para a empresa. É o que a jurisprudência chama de "ócio forçado", evidenciando que a pessoa somente foi contratada para cumprir cota, não contribuir com os objetivos da organização.

Tipos de discriminação sofridas por pessoas com deficiência no ambiente de trabalho

Uma pesquisa foi feita com mais de 4 mil profissionais com deficiências diversas que tinham seus currículos cadastrados em um portal de vagas. Quatro em cada dez profissionais relataram que já sofreram discriminação no ambiente corporativo.

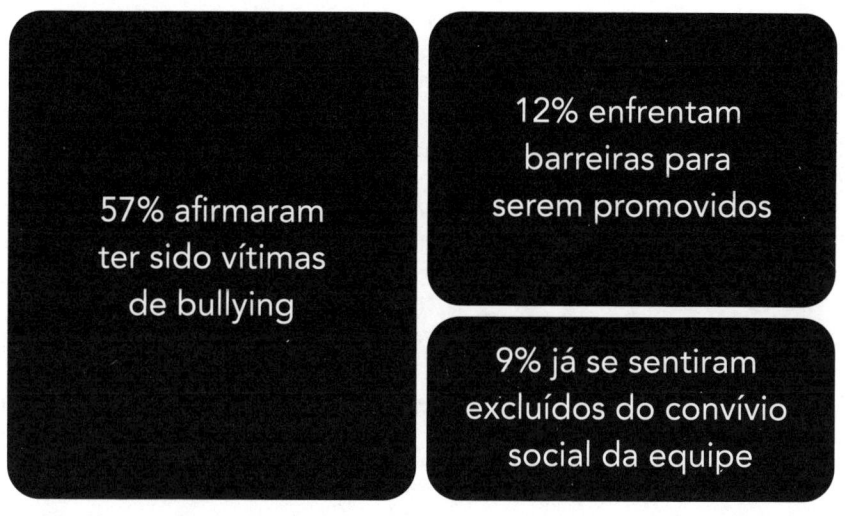

- 57% afirmaram ter sido vítimas de bullying
- 12% enfrentam barreiras para serem promovidos
- 9% já se sentiram excluídos do convívio social da equipe

PCDs sofrem bullying no trabalho. Vagas.com. Disponível em: https://www.vagas.com.br/profissoes/pcds-sofrem-bullying-no-trabalho/. Acesso em: 15 dez. 2021.

Ainda segundo a pesquisa, 28% relataram que não receberam suporte necessário do setor de RH. Para 58%, o RH não está preparado para contratar pessoas com deficiência. No entanto, Romão faz uma ressalva: o RH não deve ser o único responsável por atuar em situações de assédio, mas, sim, todos os funcionários de uma empresa, uma vez que a vítima pode se retrair por não ter forças para fazer a denúncia sozinha, por não perceber a violência que sofreu ou por medo de sofrer retaliação ao denunciar seu agressor. Dentro de um ambiente com segurança psicológica, é necessário que todos estejam informados sobre quais condutas são toleráveis e quais devem ser denunciadas imediatamente, fiscalizando e formando uma rede de apoio para as pessoas mais vulneráveis. Essa mudança de cultura pode ser feita através do programa de "inclusion compliance", um dos projetos desenvolvidos por Romão em sua consultoria que visa implementar a diversidade e a inclusão nas empresas, a fim de derrubar barreiras comunicacionais e atitudinais.

Na esfera empresarial, "compliance" significa agir de acordo com as normas, leis e políticas internas de uma determinada organização, visando também estabelecer a cultura da integridade. O objetivo não é perseguir quem está desviando das normas, tampouco protegê-lo, mas, sim, trazer a área jurídica para evitar danos a políticas de antiassédio, anticapacitistas etc. Romão explica que o "compliance" visa acabar com o "jeitinho" fraudulento, corrupto e maléfico; já o "inclusion compliance" busca eliminar o "jeitão" preconceituoso, como o capacitismo, que ainda permeia nossa cultura.

Enquanto a cultura organizacional é o conjunto de comportamentos, hábitos e valores de uma empresa, a cultura de integridade dita como praticá-los de forma ética, com base na moralidade, honestidade, sustentabilidade, conformidade e equidade, levando em consideração todas as partes interessadas, como investidores, consumidores, fornecedores, órgãos reguladores, entre outros. Romão explica que, ao adotar a cultura da integridade, o "jeitinho" e o "jeitão" de fazer as coisas perdem espaço para a exigência de se cumprir minimamente as leis. Portanto, a Lei de Cotas, a Lei do Jovem Aprendiz (Lei nº 10.097/2000)[13] e a Lei de Estágio não devem ser interpretadas como o ponto-final, mas o ponto de partida para implementar a inclusão em todas as esferas da organização, a fim de que todos, com ou sem deficiência, sejam livres para ser o que são e tenham as mesmas oportunidades.

Por meio de treinamentos, sensibilização, políticas claras, estabelecimento de tarefas e de responsabilidades, fomento ao diálogo e abertura de canais de denúncia, o programa de "inclusion compliance" constrói um ambiente psicologicamente seguro, em que há mecanismos de prevenção, detecção e correção dos desvios de conduta. Romão acredita que, ao implementar a inclusão dentro das empresas, todas as pessoas acabam protegidas do assédio, já que cada um de nós tem singularidades que eventualmente também podem ser alvo de discriminação. **QUANDO UM PROBLEMA É ESTANCADO EM SUA RAIZ, CRIA-SE UMA CULTURA SUSTENTÁVEL.**

UM NOVO RECOMEÇO

Depois de trinta dias afastada do banco, voltei a trabalhar, só que em outra equipe da área de marketing. Não queria deixar o meu emprego e já estava com saudades das minhas amigas. Meus pais apoiaram a minha decisão e me encorajaram a ter um novo começo. **ELES SEMPRE ME PROTEGERAM, MAS NUNCA ME POUPARAM DE ENCARAR OS DESAFIOS DA VIDA.** Eu precisava aprender a me defender sozinha, pois um dia eles não estarão mais aqui para me proteger. Meus pais falam que não devemos deixar de viver e fazer as coisas que gostamos por conta das pessoas ruins e que essas experiências servem para nos fortalecer. No meu primeiro dia, minha mãe me levou de carro e me deixou na porta do trabalho. Apesar de se manter forte, foi uma situação muito difícil para ela, pois não havia nenhuma garantia de que eu não passaria por tudo aquilo novamente.

Chorando, minha mãe olhou para mim e disse: "Julie, vá em frente, seja forte. Vai dar tudo certo. Eu acredito em você". Eu criei coragem e entrei — assim como havia feito anos atrás na escola logo após sofrer bullying.

Tive a sorte de, depois de tudo o que passei, ter ganhado uma chefe excelente, a Sueli. Ela chegava cedo como eu e logo me orientava sobre as tarefas do dia, ensinando como executá-las e qual era a importância de cada uma delas. Gosto de entender exatamente o que estou fazendo e de que forma isso está contribuindo para melhorar os resultados da organização ou fazendo a diferença na vida de alguém. Quando mudei de área, passei a sentir verdadeiramente que eu era importante para a equipe.

Havia muitos boatos circulando de que, por eu ser autista, não gostava que encostassem em mim ou chegassem perto e que a convivência comigo era difícil. Mas ela preferiu não escutar. Antes mesmo da minha transição, Sueli buscou entender mais sobre o TEA e como poderia deixar o ambiente minimamente confortável para eu conseguir trabalhar. No começo, eu estava com medo, quase não olhava para ela e conversava pouco. Depois de tudo o que eu havia passado, ter uma equipe nova me deixava um pouco assustada, principalmente se alguém dirigia a palavra para mim ou colocava as mãos no meu ombro. Eu tinha receio de que poderia passar por tudo aquilo novamente.

E eu tinha razão. Na primeira semana, mais uma vez, sofri um assédio moral grave. Antes de fazer a mudança, minha mãe havia comprado um miniventilador portátil, que eu deixava em cima da minha mesa, como todos os outros funcionários. Como eu vi que todo mundo tinha, eu também quis um para mim. Quando mudei de área, levei tudo o que estava na minha mesa para a outra, inclusive o meu ventilador. Um dia, meu ex-chefe apareceu do meu lado e pegou o ventilador, dizendo que era de sua equipe e que eu havia pegado algo que não era meu. Na hora, eu não reagi, pois não entendi muito bem o que estava acontecendo. Como eu não falei nada, a Sueli acreditou e deixou que ele levasse.

Achei estranho e comecei a me sentir desconfortável. Lembrei que meu pai dizia que eu deveria me impor com a verdade sempre que perceber quando algo não está certo. Então, eu disse a Sueli: "Por que você não acredita em mim? Eu estou falando a verdade, aquele ventilador é meu!". Na tentativa de evitar mais conflitos, ela disse que estava tudo bem e que compraria outro para mim. Mas a questão era que eu estava sofrendo uma grande injustiça, e isso não poderia ficar assim.

No dia seguinte, perguntei para minha mãe se era normal alguém pegar um objeto seu sem pedir licença e ainda dizer que é dele. Ela ficou desconfiada e me perguntou se havia acontecido algo. Eu contei a história. E minha mãe reforçou dizendo que havia comprado o ventilador e que, portanto, era meu. Mas preferiu não criar alardes e deixar que eu mesma tentasse resolver a situação. Quando cheguei no trabalho, continuei insistindo dizendo que o ventilador era meu. Comecei a ficar angustiada, pois ninguém estava acreditando em mim. Sueli então percebeu que aquela situação poderia ser mais grave do que imaginava. Ela me ouviu com atenção, tentou me acalmar, chamou a Malu para ficar comigo e disse: "Julie, olha pra mim, eu vou resolver pra você, você confia em mim?". Eu não respondi. "Você confia em mim?", repetiu. Eu não conseguia falar. "Julie, pelo amor de Deus, olha pra mim, você confia em mim? Eu vou resolver, tudo bem?". Acenei que sim com a cabeça. Ela desceu as escadas e foi até o RH.

Chegando lá, chamou dois responsáveis para uma sala e contou o que estava acontecendo. Eles decidiram ligar para a minha mãe. "Dafna, chegou um problema aqui com a Julie de um ventilador. Queria saber só se o ventilador é dela", e minha mãe respondeu: "O ventilador é dela. Eu comprei pra ela". E não entraram mais em detalhes. Sueli, então, foi até a mesa do rapaz e pediu para que ele me devolvesse. Mas a gestora da equipe se recusou. Sueli insistiu: "Você está com um ventiladorzinho de 30 reais na mão. Tem uma menina lá que tem dezoito, dezenove anos, olha pra ela, que diferença vai fazer se esse ventilador é seu ou não?". E ela respondeu: "Esse ventilador é da nossa equipe". Na hora, Sueli reparou que os ventiladores em cima de suas mesas eram diferentes do meu. Mas não bastava apenas comprovar por palavras. Era preciso de uma prova mais concreta. E para resolver essa história de uma vez por todas, minha mãe foi até a loja onde havia comprado o ventilador e conseguiu enviar o seu extrato bancário com a nota fiscal do produto para o RH. O caso foi resolvido.

Ninguém entendeu por que eles fizeram aquilo comigo. Só podia ser por maldade, não havia motivos. Sueli contou que aquele foi o acontecimento que mais a impactou no meio profissional. Não imaginamos a que ponto a maldade humana pode chegar até realmente vê-la de perto. Ainda bem que sempre há alguém de bom coração para nos ajudar, e são pessoas assim que fazem a diferença na vida das outras e impedem que a maldade seja maior do que a bondade. Pude contar com o apoio da Sueli, que, mesmo sem me conhecer direito, me deu todo o suporte que eu precisava naquele momento. Se não fosse por ela, que me ouviu, acreditou em mim e foi atrás de resolver o problema, o final poderia ter sido outro.

Isso demonstrava o interesse que ela tinha em me conhecer de verdade e ouvir minhas necessidades. Sueli pensava em todos os detalhes. Nos meus primeiros dias na área, sentou-se do meu lado direito, já que eu não ouvia muito bem do lado esquerdo. Quis saber sobre a minha história de vida, quais eram minhas maiores habilidades e dificuldades. Aos poucos, começou a me transmitir confiança. Ela foi umas das únicas pessoas que tentou se adaptar a mim e me aceitou do jeito que eu sou.

A Sueli foi fundamental para o meu crescimento profissional. Com muita paciência e carinho, ela se dedicou a me ensinar tudo o que eu precisava saber para trabalhar no meio corporativo e a me ajudar a desenvolver minha autonomia. A primeira coisa que eu aprendi com ela foi discar o ramal. Assim como todo mundo, minha chefe exigiu que eu tivesse o meu próprio telefone. Sueli me ensinou detalhadamente como configurar a senha e discar o número. Se precisasse, pegava na minha mão e ia me guiando pelos botões, assim como fez quando estava me ensinando a função de copiar e colar no computador. Foram várias tentativas, fracassos e conquistas. No início, pode ser que eu demore um tempo para entender, mas, quando aprendo, passo a fazer as tarefas muito rapidamente.

Algumas pessoas podem se perguntar como era possível um chefe ter tanto tempo disponível para ensinar uma tarefa.

Sueli reestruturou toda a sua agenda de horários de modo que pudesse me ajudar na parte da manhã e fazer suas tarefas na parte da tarde. Sua jornada era de oito horas, e ela se dedicava a mim durante duas horas, tendo apenas seis horas para se dedicar ao restante do seu trabalho. Geralmente, as reuniões aconteciam na parte da manhã, e ela sempre me levava junto, quando possível, para que eu não ficasse sozinha no escritório sem alguém para me auxiliar. Quando eu não podia ir, ela remarcava para a tarde.

Sueli dizia que sempre buscava me dar tarefas que realmente fossem úteis para o trabalho e que me desenvolvessem de alguma forma, pois não adianta incluir pessoas com deficiência e tratá-las como se não tivessem capacidade de assumir responsabilidades no trabalho. Isso é capacitismo. Não é porque tenho deficiência que mereço uma função menos importante. Ela também pedia que as pessoas não me tratassem como criança. Na época, eu tinha dezenove anos, e algumas pessoas ainda falavam comigo como se eu tivesse dez. Sei que tem algumas tarefas que não consigo executar, mas Sueli testou meu desempenho em várias atividades para que eu pudesse descobrir em que eu era boa e, assim, explorar melhor as minhas habilidades. Para ela, uma gestão eficiente é aquela que desenvolve o funcionário e torna-o importante para os objetivos da organização. Por isso, ela se dedicava ao máximo a me ensinar as atividades, ainda que fossem difíceis.

A IMPORTÂNCIA DOS PROGRAMAS DE APRENDIZAGEM E INSTRUMENTOS LEGAIS

A Lei de Cotas, apesar de importante, não é suficiente para garantir o emprego formal e digno para todas as pessoas com deficiência. Ainda há muitas organizações que as contratam apenas para cumprir a lei e não oferecem capacitação profissional para desenvolvê-las ou qualquer outra oportunidade de ascensão na carreira, por falta de prioridade, por "dar muito trabalho" ou por não saberem como implantar um programa de inclusão eficiente. De acordo com pesquisas, hoje, cerca de 93% das pessoas com deficiência empregadas no Brasil estão em empresas obrigadas a cumprir a cota[14]. Marinalva Cruz explica que isso evidencia a necessidade de se manter ações afirmativas que aumentem a participação de pessoas com deficiência no mercado de trabalho, uma vez que as contratações ainda acontecem em razão da legislação. No entanto, a Lei de Cotas não é o único instrumento legal para a inclusão profissional.

Nesse sentido, a Lei do Jovem Aprendiz existe para obrigar as empresas a adotarem programas de aprendizagem para jovens entre 14 e 24 anos que estão em busca de sua primeira colocação profissional e não tiveram experiência anteriormente. No caso de pessoas com deficiência, não há idade-limite para tal contratação. Marinalva explica que essa é uma grande oportunidade para os adultos com deficiência, que não possuem experiência profissional e que viveram numa época em que ainda não havia leis que garantiam o acesso da pessoa com deficiência à educação inclusiva, se inserirem no mercado de trabalho.

O programa oferece aos jovens cursos profissionalizantes ministrados por uma instituição formadora, que tem o dever de proporcionar todas as condições necessárias, como intérprete de Língua Brasileira de Sinais (Libras), material em braile e outros recursos acessíveis, para que o aprendiz com deficiência consiga se desenvolver do mesmo modo que os demais. Marinalva reforça que todos esses requisitos precisam ser respeitados a fim de que haja uma inclusão de verdade no ambiente de trabalho. Assim, as pessoas com deficiência têm a chance de combinar teoria e prática, incorporando os conhecimentos adquiridos nos cursos de formação ao exercício de funções na empresa.

Carolina Videira conta que, durante sua luta pela inclusão, conheceu muitas famílias que tinham dificuldades de encontrar um trabalho formal para seus filhos, evidenciando que a falta de acessibilidade no ambiente corporativo começa muito antes, na educação básica. Marinalva explica que, para serem inseridos no mercado de trabalho, é necessário que todos tenham, pelo menos, o ensino básico — o que muitas vezes está distante da realidade de pessoas com deficiência. Muitas não tiveram a chance de estudar em uma escola inclusiva que proporcionasse um ambiente seguro, com profissionais preparados para ensinar alunos com diferentes características e condições de aprendizagem.

Nível de instrução das pessoas com deficiência*

45.606.048 pessoas com deficiência no Brasil

23,9% da população brasileira

61,13% Sem instrução ou fundamental completo

17,67% Médio completo ou superior incompleto

14,15% Fundamental completo ou médio incompleto

6,66% Superior completo

*Com 15 anos ou mais

Censo 2010. Instituto Brasileiro de Geografia e Estatística (IBGE). Disponível em: https://censo2010.ibge.gov.br/. Acesso em: 08 fev. 2022

Além disso, muitas delas nunca receberam estímulo e incentivo dentro de casa. Tudo isso contribui para que, ao chegar na fase adulta, a pessoa com deficiência não saiba se posicionar no mercado de trabalho e encarar os desafios mundo afora.

Diante desse cenário, as empresas devem exercer o papel fundamental de minimizar os danos causados pela educação básica, oferecendo programas de estágio e de aprendizagem, a fim de que o jovem, futuramente, esteja apto a ser contratado e ter registro em carteira. Assim como qualquer outro, o jovem com deficiência, em sua primeira oportunidade de trabalho, não entrará preparado para executar uma função. Por isso, é responsabilidade das empresas treiná-lo para as etapas seguintes. Para os interesses da organização, o programa de aprendizagem possibilita que os funcionários se desenvolvam de acordo com seus propósitos, contribuindo para o crescimento e sustentabilidade do negócio.

Segundo Marinalva, as leis que oferecem oportunidade de emprego e capacitação, recursos de acessibilidade, tecnologias assistivas, entre outras medidas, não são privilégios, mas ferramentas de reparação social que visam eliminar os estigmas que continuam se perpetuando na sociedade e as barreiras que limitam a participação ativa de pessoas com deficiência nos espaços sociais. O objetivo é promover a equidade, assegurando seus direitos de ingressar e prosperar no mercado de trabalho, assim como qualquer outro profissional. Ou seja, é necessário ter uma visão menos assistencialista (que atende às necessidades imediatas, como ações de caridade, mas não soluciona o problema em sua raiz) e mais educacional, oferecendo recursos para que as pessoas com deficiência consigam desenvolver autonomia e independência.

O programa de aprendizagem beneficia não apenas a empresa e a pessoa com deficiência, mas a família. Marinalva acredita que, à medida que a pessoa com deficiência vai se profissionalizando, ela vai mostrando o seu potencial. Assim, indiretamente, a família, que no início estava resistente à ideia pelo excesso de zelo ou questionamentos acerca de sua capacidade, começa a perceber que o ambiente corporativo não serve apenas para ganhar dinheiro, mas para desenvolver habilidades — as quais não seriam exploradas se ela estivesse em casa. Em suma, o programa de aprendizagem conecta empresa, família e indivíduo, a fim de promover a inclusão social de forma sutil e altamente efetiva e o desenvolvimento econômico e social sustentável.

Com o tempo, fui ganhando independência e autonomia e gerando resultados positivos. Sueli sempre acreditou no meu potencial. Do outro lado, eu nunca pensei em desistir. Por mais difícil que pudesse ser, eu tentava até conseguir e ficar impecável. Quando eu ficava doente, minha mãe não me deixava ir trabalhar, mas eu insistia. Eu sabia o quanto era importante essa oportunidade que eu estava tendo de me desenvolver e contribuir para grandes realizações de uma empresa. Eu queria aproveitar cada segundo do meu trabalho, mesmo nos dias em que eu acordava cansada e sentia meus olhos fechando enquanto mexia no computador. Minha motivação era diária.

Uma das atividades que eu mais gostava de fazer era a Net Promoter Score (NPS): receber críticas e elogios dos clientes, colocá-los em uma planilha, gerar gráficos e preparar uma apresentação que fazíamos nas agências mostrando os pontos que precisavam ser melhorados. Um dia, Sueli decidiu me levar para uma das reuniões presenciais com os clientes. Ela queria me mostrar para onde ia o material que eu fazia e qual era a sua importância. Foi uma conquista relevante na minha carreira, uma experiência engrandecedora. Eu me preparava, treinava tudo o que eu ia falar, pois queria fazer uma boa apresentação. No final, eu tinha que escrever um relatório de como tinha sido a reunião. Pude, então, perceber que este trabalho era fundamental para que as agências pudessem melhorar os seus serviços. Sueli dizia que minhas planilhas eram perfeitas e, depois que ela trocou de emprego, disse também que sentia falta do meu capricho.

Antes de eu receber o meu primeiro feedback, ela conversou com a minha mãe para entender se eu ainda tinha traumas de entrar em salas de reuniões com alguém a sós, por conta do que havia acontecido antes. Ela queria que essa experiência fosse construtiva para o meu desenvolvimento, e não traumatizante. Então, me explicou detalhadamente o que era feedback, e eu entendi. Falaríamos sobre o meu desempenho, o que eu estava fazendo bem e os pontos que eu precisava melhorar. Ela me dava feedbacks construtivos, como para qualquer outra pessoa. Por isso, eu me desenvolvi tanto.

No dia, eu estava tranquila. Entrei na sala, sentei-me, cruzei as pernas e falei: "Pode começar". Sueli começou dizendo que algumas atividades não haviam funcionado para mim, mas deixou claro que não era pela minha falta de capacidade, apenas porque todos nós temos pontos fortes e fracos. Em compensação, eu havia tido uma ótima performance em NPS, entregava as planilhas de forma impecável e dentro do prazo. Quando ela terminou de falar, eu perguntei: "Por que você precisou fazer essa reunião comigo, sendo que eu já sabia de tudo isso?". Ela deu risada e respondeu: "Então o seu feedback foi um sucesso, porque diz a teoria que o feedback não pode ser uma surpresa".

Meses depois, recebi uma proposta para ser efetivada. Mas, nessa mesma época, o banco foi vendido e precisou mudar de local. Para mim, ficaria inviável atravessar a cidade para ir ao trabalho. Meus pais disseram que, se me ensinassem a pegar o metrô sozinha, eu saberia exatamente para onde ir. Porém, por ser ingênua, talvez essa não seria a alternativa mais segura. Sendo perto de casa e podendo ir e voltar de táxi, eu estaria mais protegida, e meus pais ficariam mais tranquilos. Fiquei muito triste quando precisei sair do banco. Mas o que eu aprendi disso tudo é que para toda escolha tem uma renúncia. Para não ficar tão insegura com as minhas decisões, tenho que sempre lembrar qual é a prioridade. Tento colocar as coisas em uma ordem de necessidade, e isso tem me ajudado bastante. É preciso saber que existem escolhas que causam um impacto maior em nossa vida. Naquele momento, escolhi sair de um trabalho e enfrentar as dificuldades de encontrar outro emprego sem saber ao certo quanto tempo isso levaria. Às vezes, é difícil decidir. Mas não existem escolhas erradas, todas nos trazem algum aprendizado.

No meu último dia de trabalho, ao chegar no escritório, a Sueli me levou até uma sala de reunião dizendo que gostaria de falar a sós comigo. Quando ela abriu a porta, várias pessoas com quem eu trabalhava e tinha amizade estavam lá, batendo palmas para mim. Eles haviam organizado uma festa-surpresa de despedida. Fiquei muito feliz e emocionada. Agradeci a todos pela oportunidade e disse que gostaria de manter a amizade com todos eles.

Todos nós somos diferentes e únicos no nosso jeito de ser. Você é lembrado pelas suas características e ações, e isso é importante. As pessoas me dizem que eu sou espontânea, falo aquilo que ninguém fala, converso com todo mundo e gosto de conhecer mais sobre a vida de cada um. Devemos tratar todos bem, independentemente de suas diferenças. Tem gente que é cego, surdo, mudo, que tem deficiência intelectual e física, e a sociedade deve tratar todos iguais. Além disso, existem as diferenças sociais, culturais, de gênero e de religião também. Temos que ver o que cada pessoa tem a oferecer de bom. Se não aceitarmos as diferenças, nunca vamos ter um mundo melhor.

E foi no meu emprego que descobri o valor da amizade. Não importa o tempo que você demore para vê-los, eles sempre serão seus amigos, independentemente de onde estivermos, pois os laços de uma boa amizade, quando bem construídos e cuidados, são para a vida toda. Aprendi também que no trabalho temos mais colegas do que amigos. Para um colega virar amigo depende muito da afinidade. Não é porque conhecemos alguém que esta relação logo se transforma em amizade. Descobri que quando sinto saudades é bem provável que esta pessoa já deixou de ser uma colega para ser uma amiga, como aconteceu com as minhas três melhores amigas, Malu, Soraia e Thaís, e a minha chefe Sueli.

Mas, mais do que isso, elas eram como mães para mim. Elas me aceitavam e gostavam de mim do jeito que eu era, e eu sabia que podia contar com elas para o que precisasse. E não há nada melhor do que estar em um grupo de amigos em que nos sentimos acolhidos e protegidos. Às vezes, as situações ruins nos fazem perder a esperança de conseguir nos encaixar em algum grupo. Mas, cedo ou tarde, sempre encontramos alguém com quem nos identificamos e que vai gostar de nós pelo que somos. Apesar de eu ter passado por algumas situações ruins, o que me estimulava a ir trabalhar todos os dias eram as amizades e os momentos felizes e divertidos que eu passava com cada uma delas. Existem pessoas ruins, mas existem pessoas boas no mundo também. E a Sueli, a Malu, a Soraia, a Thaís e todos os outros que lá me acolheram de verdade são a prova disso. **MINHA MÃE COSTUMA DIZER QUE, COMIGO, ELA CONHECEU DE PERTO A MALDADE, MAS QUE, SEM MIM, JAMAIS DESCOBRIRIA O TAMANHO DA BONDADE DAS PESSOAS.**

Eu sou muito grata por ter tido uma chefe que me aceitou do jeito que sou, me ajudou, me desenvolveu e acreditou no meu potencial. Sueli foi um verdadeiro exemplo de liderança. Se todos os chefes se preocupassem em ouvir as pessoas da equipe, desenvolvê-las independentemente de suas dificuldades e abraçassem a diversidade, as empresas ganhariam muito mais. O meu período com ela foi curto — apenas oito meses —, mas intenso. Sueli me fortaleceu e me ajudou a superar meus traumas e medos. O que eu aprendi no trabalho passei a levar comigo para onde fosse. Eu me sentia mais forte para encarar os próximos desafios que viriam pela frente.

CAPÍTULO 3

Qual é o seu plano B?

Um dos aprendizados mais importantes que adquiri é que as coisas nem sempre acontecem do nosso jeito, mas todas as experiências que vivemos, de alguma forma, nos fortalecem. No meu outro emprego, eu estava muito feliz. Tinha uma chefe excelente e amigas incríveis — pessoas que realmente gostavam de mim pelo que eu sou e me ajudavam todos os dias a me desenvolver. Agora, eu precisava encarar uma nova fase da vida, a mais difícil, eu diria: procurar outro emprego que me aceitasse e em que houvesse pessoas que estivessem dispostas a ser uma rede de apoio para mim. Independentemente do que acontecesse, era preciso enfrentar a realidade. Só assim eu aprenderia a lidar sozinha com as mudanças da vida.

Ainda bem que eu sempre fui persistente e nunca aceitei que os acontecimentos ruins me abalassem. Eduardo, meu professor de hipismo, costuma dizer que sou competitiva. Não aceito tirar nota sete, oito ou nove, eu me esforço e me dedico até conseguir um dez. Quando comecei a fazer aulas de hipismo, eu não sabia sequer subir no cavalo. Minha coordenação motora nunca foi das melhores, e eu tinha dificuldades em saber qual era a esquerda e a direita. Mesmo sendo um esporte arriscado, que exigia habilidades que me faltavam, Eduardo aceitou o desafio e se dedicou a me ensinar. Ele testou algumas técnicas, como colocar pulseira em um dos meus braços para eu saber qual era a direita e a esquerda e me ensinar os percursos por meio das cores dos obstáculos. Ao mesmo tempo que ele ficava perto de mim, me dando todo o suporte necessário, ele me deixava livre e solta para andar a cavalo sozinha. Eu me sentia realizada, porque isso, para mim, significava autonomia. Às vezes, eu não conseguia pular um obstáculo, me desequilibrava, tombava um pouco para o lado ou, pela quantidade de informações que eu tinha que processar no percurso, acabava me perdendo. Eduardo sempre me pedia foco e, com muitas repetições, eu conseguia memorizar o trajeto. Assim, fui gradativamente melhorando a minha performance. Quando estava prestes a cair, ele me segurava. Mas tinha dias em que eu conseguia trotar e até arriscar um galope sozinha. Assim como na vida: há momentos em que nos arriscamos, enfrentamos os desafios e superamos limites. Em outros, oscilamos e caímos. Mas, se temos uma rede de apoio, a queda é menos dolorosa. No final, sempre conseguimos nos reerguer e seguir em frente.

    Alguns meses depois, fui contratada para o cargo de assistente de marketing em uma das maiores multinacionais de consultoria e auditoria do mundo, que tinha uma área de diversidade e inclusão. Assim como no meu outro emprego, meus pais foram até lá para explicar tudo sobre mim e o meu processo de aprendizagem. Porém, a equipe não entendeu que esse processo exigia um tempo grande e começou a achar que eu não era capaz de aprender atividades mais complexas. Eu não conseguia compreender o trabalho que eu tinha que fazer, pois envolvia coisas abstratas que eu não conseguia visualizar direito, como sínteses e análises de dados. A pessoa que ficava diretamente responsável por mim era uma das únicas que tentou se adaptar às minhas condições, mas era difícil para ela também encontrar um trabalho que fosse palpável, já que quase todas as funções da empresa mexiam com coisas abstratas. Passei, então, a entregar correspondências para os funcionários e pesquisar notícias na internet — tarefas que não tinham muita importância para a organização.

Uma vez por semana, a empresa tinha o costume de fazer home office, mas eu me sentia insegura trabalhando de casa. Eu precisava de alguém que estivesse próximo a mim para me auxiliar no que eu precisasse. Então, eles me autorizaram a trabalhar todos os dias presencialmente. Por outro lado, eu queria tentar fazer home office, assim como todo mundo. A questão é que, em casa, apesar de ter minha mãe sempre por perto, eu me sentia sozinha.

Eu sempre gostei de estar rodeada de pessoas, de conversar e interagir com elas. Demorei muito tempo para conseguir dizer isso à minha equipe. Quando eu ia trabalhar presencialmente, havia duas pessoas que me ajudavam, a pessoa responsável por mim e uma outra da equipe. Elas, sim, defendiam que tanto eu quanto o time deveríamos achar um jeito de nos adaptar uns aos outros e que todos deveriam contribuir para o meu desenvolvimento. Porém, outros integrantes da equipe acreditavam que era eu quem deveria me adaptar ao ambiente corporativo da empresa. Até que, um dia, os superiores me separaram das pessoas que mais me apoiavam e me deixaram sob responsabilidade daqueles que achavam que eu deveria ser como os outros. Eles não tinham empatia comigo e me obrigaram a fazer home office.

Quando eu ia para o escritório, eu não entendia nada do meu trabalho. Quando eu ficava em casa nos dias de home office, não sabia o que fazer, pois ninguém me passava tarefas. Foi neste momento que tive a pior crise de ansiedade da minha vida. Minha mãe conta que é difícil descrever o estado em que eu fiquei, ela nunca havia me visto daquele jeito. Ela sentia como se estivesse me "perdendo das mãos", como se não conseguisse mais ter controle sobre mim. Cida, que já trabalhava na minha casa há quatorze anos, conta que sofria e chorava quando me via daquele jeito. Quando minha mãe estava por perto, eu me apegava muito a ela e ficava mais segura para expressar tudo o que estava sentindo. Só que muitas vezes minhas crises acabavam saindo do controle. Um dia, Cida me colocou em seu colo e começou a explicar que tudo o que eu estava passando era normal, que acontecia com todo mundo, mas que eu precisava ser forte para encarar os problemas da vida adulta. Com muito carinho, amor e paciência, ela me tratava como se fosse a sua filha. Eu me acalmei por alguns minutos. Mas depois a crise voltou.

Diante de tamanha gravidade, minha psiquiatra, dra. Cecília Gross, precisou fazer uma intervenção domiciliar e me receitar uma medicação para diminuir a ansiedade. Também tive que intensificar as minhas terapias com a Fernanda, minha psicóloga. Ela me ajudou a me adaptar à nova situação. Era outro ambiente, com outros estilos de interação e expectativas diferentes, tanto deles quanto minhas. Não seria igual ao que eu tive no emprego anterior. Eu achava que lá as pessoas iam me acolher da mesma forma que Sueli, Thaís, Malu e Soraia fizeram. O objetivo maior da minha terapia era tentar ver a partir da perspectiva do outro e daquele contexto, o que sempre foi mais difícil para mim.

Eu nunca poderia imaginar que teria tanta dificuldade ao executar uma tarefa. Prefiro achar que tudo sempre dá certo, pois eu não gosto de mudanças. Mas foi inevitável. Enquanto tentávamos novas áreas e equipes que pudessem disponibilizar um tempo para me orientar e tirar dúvidas, passei a fazer atividades de resumo de textos. Isso foi me deixando ainda mais tensa e ansiosa, pois não via muito sentido na tarefa. Acabei mudando para a equipe do RH para tentar outras atividades que pudessem explorar mais as minhas habilidades e atender aos meus interesses, para que eu pudesse contribuir mais. Passei a conferir a folha de pagamento. Ao saber que este trabalho estava relacionado ao pagamento do mês inteiro dos funcionários, fiquei pensando no prejuízo que um pai de família teria se não recebesse o seu salário por falta de conferência. Mesmo que uma atividade seja chata, se eu entendo a importância, é mais fácil de executá-la — ou, como diz a minha psicóloga, quando eu faço parte da decisão, é mais fácil ganhar a minha colaboração.

Mas, com o tempo, comecei a perceber que eu não estava me desenvolvendo como gostaria. Como no outro emprego eu entregava bons resultados, queria que o mesmo estivesse acontecendo nesta empresa. Dentro de um ano, passei por três equipes. Mesmo com todas as tentativas, não consegui me adaptar ao ambiente. Eu precisava de algo mais palpável, algo que me permitisse ver, na prática, o que de fato estava fazendo. E todas as atividades continuavam sendo muito abstratas para mim. Além disso, eu não me sentia tão acolhida e pensava que aquele não era o lugar certo para mim.

Eu me sentia culpada por não gostar do que eu fazia. Mas a Fernanda dizia que todo mundo tem o direito de querer algo melhor para si e que era indispensável que eu me apropriasse de mim mesma, ou seja, reconhecesse o que eu gostava ou não, o que era importante para mim e quais eram as minhas necessidades sociais. O trabalho dela, de desenvolver o pensamento social e a flexibilidade mental e estimular o senso de identidade, ajudou a fortalecer a minha personalidade. Resumindo, juntas, fizemos o que ela chama de "lapidação da identidade". Tudo isso contribuiu para eu desenvolver talentos, forças, habilidades e, principalmente, autoestima e confiança. Foi então que decidi que não queria mais ficar lá.

Lembro-me bem do momento em que contei para os meus pais. Naquele dia, 10 de setembro de 2018, comemorávamos o ano-novo judaico, um momento de muita reflexão. Eu estava triste, me sentindo incapaz por não estar satisfeita com o meu trabalho, me culpando por tudo o que estava acontecendo comigo e com muito medo de decepcionar os meus pais. Depois do jantar, criei coragem e contei tudo para a minha mãe. Disse que não estava feliz com o meu trabalho, que não achava certo ganhar dinheiro se eu não fazia nada relevante e que gostaria de pedir demissão. Nessa hora, tive uma crise de ansiedade e comecei a vomitar. Meus pais tentaram me acalmar e me explicaram que todos nós temos o direito de não estarmos felizes e que não somos obrigados a aceitar e gostar de tudo. Além do mais, não se adaptar a um lugar é algo que pode acontecer com qualquer pessoa. A vida funciona assim para todo mundo. Ainda bem que pude contar com o apoio da minha família e da minha psicóloga, que me ajudou a superar essas barreiras.

Quando fui pedir demissão na empresa, todos ficaram ressentidos. Apesar de eu não conseguir me adaptar, as pessoas me tratavam bem e tentavam me ajudar de várias formas. Porém, o nível de demanda daquela empresa não permitia que os funcionários tivessem tempo e sensibilidade para me auxiliar e me desenvolver. Havia uma área de diversidade e inclusão, mas a estrutura não foi feita para receber pessoas que tinham uma deficiência como a minha.

Saindo da empresa, eu e minha mãe, que foi me buscar, pegamos o elevador para a garagem e, no caminho, encontramos o diretor da área de diversidade. Ele olhou para mim e perguntou: "Julie, você está indo embora por quê?". Eu respondi: "Vocês não têm inclusão aqui dentro". Ele disse que um dia gostaria de conversar comigo, mas essa conversa nunca aconteceu. Eu e minha família começamos, então, a buscar uma nova oportunidade de trabalho. Mais uma vez, eu teria que encarar uma fase difícil: a falta da rotina do trabalho.

DEFICIÊNCIA E INTERSECCIONALIDADE

O conceito de interseccionalidade parte da ideia de que cada indivíduo sofre diferentes formas de opressão e discriminação com base em seus marcadores sociais, como raça, gênero, capacidade física e mental, classe social e sexualidade. Ou seja, embora todas as pessoas com deficiência passem por dificuldades em razão das barreiras existentes em nossa sociedade, a quantidade de obstáculos não é a mesma para todas. Marinalva Cruz usa a si mesma como exemplo: por ser uma mulher branca com deficiência, certamente terá mais chances de ingressar no mercado de trabalho do que uma mulher negra que tem deficiência. Ambas sofrem com o capacitismo. No entanto, a mulher negra terá que enfrentar mais uma barreira: o racismo. A mesma lógica se aplica ao indivíduo que tem condições financeiras para se locomover até o local de trabalho com segurança e aqueles que precisam abrir mão do emprego por falta de transporte público acessível. Dentro do grupo de pessoas com deficiência, é fato que todos sofrem com a falta de acessibilidade. Mas alguns marcadores sociais intensificam essas barreiras, inclusive o próprio tipo de deficiência.

Marinalva explica que muitas empresas ainda têm preferências por determinadas deficiências — as que são consideradas mais "fáceis" para se adaptar à estrutura da organização. Ao analisar o perfil do grupo de pessoas com deficiência que hoje estão no mercado de trabalho, fica evidente a maior discriminação contra indivíduos com deficiência intelectual ou múltipla.

- 45% das vagas são ocupadas por pessoas com deficiência física
- 17,7% por deficiência auditiva
- 16,1% por deficiência visual (em sua maioria, pessoas com baixa visão ou visão monocular)
- 10,5% por reabilitados
- 9% por deficiência mental/intelectual
- 1,6% por deficiência múltipla

Inclusão da pessoa com deficiência no mercado de trabalho. Departamento Intersindical de Estatística e Estudos Socioeconômicos, 2020. Disponível em: https://www.dieese.org.br/notatecnica/2020/notaTec246InclusaoDeficiencia.pdf. Acesso em: 5 out. 2021.

Segundo o IBGE, o tamanho da população que tem deficiência visual com idade economicamente ativa é maior do que a que tem deficiência física[15]. Ou seja, se não houvesse preferência por certos tipos de deficiência, o percentual de pessoas com deficiência visual empregadas estaria no topo do ranking. Pessoas com deficiência que demandam certos recursos de acessibilidade sequer são citadas como possibilidade para ocupar uma vaga, nem conseguem chegar a participar de uma entrevista de emprego.

Nas palavras de Marinalva, boa parte das empresas querem um "cego que enxerga", um "surdo que escuta" e um "cadeirante que anda". Isso porque as corporações ainda estão muito mais preocupadas com a deficiência do profissional do que propriamente com a sua competência. Por essa razão, o mercado de trabalho é uma realidade ainda muito distante para a maioria das pessoas com deficiência. Segundo a gestora, obrigar um funcionário com deficiência a se adaptar a um modelo já existente é errado. Essa percepção, embora em certos casos seja praticada por falta de conhecimento, deve ser modificada. É preciso criar condições para que todos, independentemente de suas características, consigam participar e se desenvolver em condições iguais.

Rafaela Flavia Santos, gerente de RH, afirma que existe também a ideia de que incluir alguém com deficiência é ignorar suas restrições, a fim de fazer valer o conceito de igualdade. No entanto, Santos defende que não se trata de igualdade, mas, sim, de equidade. Uma vez que as pessoas possuem diferentes marcadores sociais, é preciso oferecer tratamentos personalizados de acordo com as vulnerabilidades de cada uma, para que todas tenham o mesmo ponto de partida e igualdade de condições, a fim de obter oportunidades iguais de trabalho.

Segundo Rafaela, um dos maiores desafios é saber identificar a linha tênue que separa as demandas que são da responsabilidade da empresa das que já não dizem respeito à instância organizacional. A gerente conta que já presenciou situações em que um colaborador começou a ter baixa produtividade por conta do sono causado pelo uso de um determinado remédio. O médico havia orientado que a medicação fosse feita no horário do expediente para que tanto o indivíduo como a sua equipe pudessem trabalhar com segurança. No entanto, a prescrição acabou prejudicando o seu desempenho. A empresa não poderia arbitrar em relação a isso, pois colocaria a saúde do colaborador em risco. A solução encontrada foi mudar o seu turno.

Outra situação recorrente é a dificuldade de locomoção. Santos relata um caso em que um funcionário sofria ao pegar o transporte fretado oferecido pela empresa, por conta da altura do degrau do ônibus. A situação piora quando a organização não proporciona meios para que a pessoa com deficiência consiga chegar ao trabalho. Por isso, é essencial promover um ecossistema que seja inclusivo para além de somente aumentar o número de pessoas com deficiência presentes na empresa — isso é diversidade. No caso do transporte fretado, Santos explica que é necessário engajar o fornecedor do ônibus para que pense em soluções tecnológicas que tornem os degraus mais acessíveis; e a empresa empregadora, para que sensibilize e eduque os motoristas e colegas de trabalho a ajudar, sempre que necessário, todas as pessoas que apresentam dificuldades, não apenas as que são deficientes. Esse é o caminho para a inclusão.

A empresa não deve contratar a deficiência, mas, sim, a competência. Segundo Marinalva, é preciso, em primeiro lugar, analisar o perfil profissional, suas qualificações e habilidades interpessoais. O foco inicial não deve ser nas limitações motoras, sensoriais, intelectuais ou mentais. Tal ideia vai ao encontro do que Fernando Rodrigueiro, atualmente líder de Recursos Humanos da Unilever Marketplace, defende como uma das principais mudanças que devem ser feitas no processo de recrutamento. Ao contratar um candidato exclusivamente pela competência e vontade de trabalhar, as empresas devem pensar em formas de adaptar o local às suas condições.

Não se deve colocar a condição pessoal em primeiro lugar. Nesse caso, Santos ressalta a importância de se fazer uma avaliação médica não apenas para a segurança da empresa, por ter responsabilidade sobre o colaborador, mas, sobretudo, para proteger o indivíduo. Por outro lado, a gerente de RH diz ser possível, em certos casos, adaptar o posto de trabalho ou criar novas formas de executar as atividades, para que sejam mais adequadas à realidade e à necessidade do profissional com deficiência. Daí a importância de se analisar caso a caso. Na mesma linha, Marinalva faz um apelo: enquanto as empresas estiverem olhando a deficiência durante o recrutamento, não haverá avanços significativos em relação à inclusão.

Outro fator que comprova a necessidade de analisar a situação profissional das pessoas com deficiência pelo viés da interseccionalidade é o fato de que muitos não tiveram a oportunidade de ingressar no ensino superior ou ter uma formação técnica, seja pela falta de políticas de acessibilidade e inclusão nas instituições de ensino, seja pela precária condição financeira para arcar com os recursos necessários, ou mesmo porque não tiveram o apoio da família. De acordo com o censo da educação superior, realizado pelo Instituto Nacional de Estudos e Pesquisas Educacionais Anísio Teixeira (Inep)[16], dos 8,6 milhões de estudantes matriculados no ensino superior, apenas 48,52 mil são pessoas com deficiência — 0,56% do total.

Na visão de Santos, para cargos administrativos, as empresas tendem a sempre competir pelos mesmos perfis profissionais, considerando que os principais requisitos são: bom nível de instrução, ter uma graduação e saber línguas estrangeiras. Ou seja, pessoas com deficiência que não tiveram uma educação de qualidade acabam sempre concorrendo para vagas que estão em posição de base, pois as exigências são menores. Fernando Rodrigueiro explica que muitas empresas ainda se opõem à mudança de critérios avaliativos na hora de contratar, pelo entendimento de que estariam "abaixando a régua", ou seja, contratando pessoas incapazes de exercer uma determinada função. Porém, ele defende que é preciso mudar os parâmetros, já que há outros critérios que são tão efetivos para o trabalho quanto as habilidades técnicas e que podem incluir pessoas de diversos marcadores sociais. Um exemplo disso é avaliar o candidato pela sua história de vida, sua inteligência emocional e sua paixão pelo trabalho.

Sem contar que as barreiras já começam antes mesmo de o indivíduo chegar ao processo seletivo. Para fazer o recrutamento, as empresas optam na maioria das vezes por plataformas on-line de currículos, que já não são acessíveis, sobretudo para pessoas com deficiência visual, auditiva e intelectual. Marinalva faz um alerta para as empresas que querem ser inclusivas: se os espaços de recrutamento forem sempre os mesmos, nada vai mudar.

A gestora acredita que o que falta nas empresas é uma visão 360°, ou seja, olhar as pessoas que têm deficiência considerando sempre a interseccionalidade. É necessário considerar cada caso como único e enxergar as necessidades de maneira individual, pois nem sempre um recurso oferecido para um servirá para todos. Afinal, a deficiência pode ser a mesma, mas cada um tem suas particularidades que não obrigatoriamente estão relacionadas à deficiência. Ao criar condições salubres para que os profissionais consigam se desenvolver e prosperar, ou seja, tornar a comunicação e os espaços acessíveis, todos terão oportunidades iguais e contribuirão cada vez mais com a geração de resultados positivos para a organização.

A JORNADA EM BUSCA DE UMA NOVA OPORTUNIDADE

Minha mãe sempre costuma dizer que há males que vêm para o bem. Essa frase quer dizer que existem acontecimentos ruins que acabam gerando consequências boas. Penso que, se eu não pedisse demissão, eu continuaria infeliz e perderia a oportunidade de viver experiências novas que me trariam muitas conquistas e aprendizados. Apesar de ter sido uma fase difícil, aprendi com o livro "Plano B" que, na vida, precisamos achar alternativas para lidar com as vivências do dia a dia e com planos que não saem como esperamos. A autora, Sheryl Sandberg, perdeu o marido subitamente e precisou encontrar formas de encarar a sua dor. Ela me ensinou a ter resiliência e força para superar os obstáculos em situações que não posso controlar.

Durante os sete meses em que busquei um novo trabalho, senti falta da rotina e tive que me reinventar. Para isso, contei muito com o apoio da minha família e da minha psicóloga. Por incentivo da minha mãe, aproveitei esse tempo para ler livros e assistir a palestras motivacionais sobre empreendedorismo. Não é porque eu não fazia faculdade que eu não precisava estudar. Minha mãe me ensinou que, mesmo não trabalhando, há outras formas de alcançar o nosso crescimento pessoal.

Foi nessa época que eu conheci pessoas inspiradoras que me trouxeram muitos conhecimentos e me ajudaram a passar pelas dificuldades, pois me convenci de que não era só eu que passava por situações difíceis.

Toda vez que eu terminava um livro, conversava com a minha mãe sobre a história que havia acabado de ler, como a de Michelle Obama, Melinda Gates, Sheryl Sandberg, princesa Diana e Malala. Minha mãe me ajudou a perceber que não era só eu que tinha dificuldades na vida; todas elas já haviam passado por momentos desafiadores, mas só chegaram aonde estão porque tiveram a coragem de se reerguer e encarar a vida como ela é. As palestras a que assisti também foram muito importantes para mim, pois me identifiquei com as histórias. A primeira foi da IBM, cujo tema era diversidade e inclusão. Aprendi como as empresas devem tratar as pessoas com dificuldade e se engajar na causa para ajudá-las. Um assunto que me marcou foi o princípio da equidade, que significa reconhecer as diferenças e dar oportunidades equivalentes de acordo com a necessidade e habilidade da pessoa, ou seja, "dar a bicicleta certa para a pessoa poder andar com autonomia", uma metáfora que ouvi e nunca mais esqueci.

A segunda palestra que assisti foi da Chieko Aoki, presidente da rede Blue Tree Hotéis, que se chamava "Abrace o protagonismo". Ela falou que devemos fazer o nosso tempo valer a pena para não chegarmos no fim da vida e dizer "Que pena que não fiz isso", mas, sim, "Que bom que eu fiz tudo isso". **FOI LÁ QUE EU PERCEBI A TAMANHA IMPORTÂNCIA DE SERMOS PROTAGONISTAS DA NOSSA PRÓPRIA HISTÓRIA.** Nesse mesmo evento, Hortência, a ex-jogadora de basquete, também palestrou. Ela disse que não era fácil ser aquilo que gostaríamos de ser. Hortência citou um exemplo de uma frase da campanha da Nike: "Rala que rola". Ou seja, se queremos conquistar algo, precisamos lutar por isso. Nos diversos momentos em que o desânimo e a ansiedade apareciam, foi extremamente importante ouvir tudo isso. Essas palestras me ajudaram a seguir em frente e a continuar acreditando que eu posso ser alguém na vida. É muito transformador aprender com a experiência de outras pessoas. Além de conhecer suas histórias, eu via como a pessoa aprendeu com os desafios e buscou suas realizações. Foi assim que tive vontade de escrever o meu próprio livro e de expor a minha rotina nas redes sociais.

Em alguns momentos, eu fui chamada para entrevistas de emprego, mas sempre escutei que eles teriam de criar uma vaga para me receber ou que me dariam um retorno em breve — o que, na maior parte das vezes, não acontecia. Isso me deixava chateada e mais ansiosa. Se a pessoa fala que me dará um retorno, eu realmente fico contando com isso. Às vezes parece difícil lidar com pessoas que "falam por falar", como "A gente se vê!", "Te respondo depois!", "Vamos combinar uma hora dessas!", isso tudo é muito vago para mim. Eu preciso de uma data e um horário exatos.

Certo dia, fomos no chá de bebê de uma amiga da minha mãe que, por acaso, era diretora de RH de uma empresa. Durante uma conversa, eu, muito falante e espontânea, chamei atenção de uma de suas amigas. Ela disse que eu era o máximo e que adoraria trabalhar comigo. Eu respondi animada, dizendo: "Eu também gostaria. Se você quiser, pode me entrevistar!". Ela então me convidou para participar de uma entrevista e recebeu um conselho da minha mãe: "Se você convidou a Julie, vai ter que cumprir".

O PAPEL DA FAMÍLIA NA INCLUSÃO SOCIAL

O sucesso social global e profissional de todos, inclusive das pessoas com deficiência, depende da força de vontade do próprio indivíduo e da inclusão nas escolas e no mercado de trabalho. Mas a família é o pilar fundamental nesse processo, já que ela exerce a maior influência sobre a formação psicossocial e da personalidade do indivíduo, que determinará o seu comportamento diante da sociedade e das adversidades da vida. O pediatra dr. Henrique Klajner, decano do Hospital Israelita Albert Einstein e autor do livro "A autoestimulação precoce do bebê", afirma que a autoestimulação é a chave para uma educação bem-sucedida dos filhos. O método se baseia na teoria de que a natureza deu aos seres humanos o raciocínio lógico para que eles cumpram o seu único objetivo na vida: evoluir. A evolução, por sua vez, é alcançada por meio das conquistas, que nada mais são do que o comportamento de oposição diante dos desafios da vida.

Klajner explica que o ato de conquistar é o que desenvolve a autoestima do indivíduo. Por essa razão, satisfazer todas as vontades dos filhos e protegê-los de forma excessiva, desde os seus primeiros dias de vida, faz com que eles se tornem pessoas frustradas, incapazes de superar os desafios sozinhos e ir atrás do que desejam, já que não aprenderam que é preciso se opor à natureza para conquistar algo. Portanto, a autoestimulação é o oposto disso: é fazer com que os filhos se estimulem sozinhos. Ou seja, as famílias devem apresentar a eles a realidade, a vida como ela é, para que, por si próprios, consigam vencer obstáculos e desenvolver seus talentos, sua motivação e sua autoconfiança.

É por isso que médicos e psicólogos orientam pais e famílias a começarem a desenvolver seus filhos a partir dos primeiros sinais da deficiência ou do momento em que se tem o diagnóstico. Proteger excessivamente os filhos, impedindo-os de fazer parte do convívio social, como ir à escola ou trabalhar, pode frustrar o desenvolvimento de suas habilidades e autonomia. Marinalva Cruz afirma que tratar filhos que têm deficiência como seres especiais é errado, já que todo filho é especial, independentemente de suas condições físicas, sensoriais, cognitivas ou mentais. A gestora defende que, se as famílias não permitem que os filhos estimulem suas competências e explorem o melhor que podem oferecer, ao chegar no mercado de trabalho, fica ainda mais complicado exigir que as organizações assumam esse papel, já que esse processo deve começar cedo, dentro de casa.

Por conta do forte preconceito ainda existente na sociedade e da falta de acessibilidade e inclusão nos espaços, é normal que o cuidado que se tem com pessoas com deficiência seja redobrado. No entanto, o excesso de proteção pode se transformar em um comportamento capacitista. Marinalva conta que presenciou um caso em que um jovem com deficiência intelectual totalmente apto para trabalhar foi obrigado a recusar um cargo de uma empresa, pois sua mãe alegava que ele não tinha capacidade para sequer amarrar o cadarço de seus tênis.

A gestora faz um apelo para que as famílias que ainda têm receio apoiem o ingresso de seus filhos no mercado de trabalho, uma vez que o ganho é das duas partes. Quando a pessoa com deficiência é contratada na condição de jovem aprendiz ou estagiária, o salário é somado ao Benefício de Prestação Continuada (BPC) por um período de até 24 meses. Além disso, de acordo com a Lei nº 14.176, de 22 de junho de 2021[17], que regulamenta o art. 94 da Lei Brasileira de Inclusão, quando o valor da remuneração for igual ou inferior a dois salários mínimos, 50% do BPC poderá ser mantido nas contratações em regime CLT. O trabalho faz com que o indivíduo explore suas potencialidades, aprenda a viver em sociedade e cresça profissionalmente com a possibilidade de ganhar um salário ainda maior. O BPC é suspenso quando ele é contratado com carteira assinada e com salário superior a dois salários mínimos. Mas, ao deixar o emprego, o benefício pode voltar a ser pago — o que significa que, em tese, o indivíduo tem a liberdade e a segurança de buscar outro emprego, caso não tenha uma experiência bem-sucedida em determinado lugar.

Quando fui chamada para a entrevista, nossas expectativas ficaram altas. Eu e minha mãe começamos a pesquisar tudo sobre a marca e assistir palestras promovidas pela empresa. Estudamos sobre a história da organização e seus produtos e treinamos o que eu falaria na hora da entrevista. Quando chegou o grande dia, eu me sentia completamente preparada, pois tinha conhecimento sobre cada produto da marca. E minha mãe estava confiante de que eu seria contratada.

Durante o processo seletivo, participei de três entrevistas. Quando cheguei na última fase, que era com o diretor, ele me disse: "No momento, nós não temos vagas. Quando abrir, nós te avisamos". Fiquei chateada. As empresas deveriam ter mais portas para pessoas com deficiências. Mas minha mãe, que estava dentro do carro esperando que eu entrasse com um sorriso no rosto dizendo que havia sido aprovada, me explicou que receber um "não" era completamente normal e que era melhor ser recusada do que trabalhar novamente em uma empresa que não estava preparada para me receber.

Mas a melhor notícia dessa história toda foi que eu lidei muito bem com aquela situação. Eu não tive crise de ansiedade, pois fui capaz de aplicar todo o meu conhecimento sobre desenvolvimento pessoal que vinha aprendendo até então. Naquele momento, eu havia entendido de fato que ter um plano

B nos faz ter mais força para seguir em frente e não desistir. Quem não desiste consegue tudo o que deseja. E eu pude comprovar: depois de várias tentativas, consegui um novo emprego. Só não sabia que isso mudaria completamente a minha vida.

CAPÍTULO 4

Quando encontrei a minha segunda casa

Antes de ser contratada novamente, fiquei sete meses em casa. Os livros que li, as palestras a que assisti e o apoio da minha família foram muito importantes para eu conseguir encarar essa fase com mais tranquilidade e paciência. A ansiedade para voltar a trabalhar estava grande. Quando a angústia atingia picos elevados, eu tinha sempre que fazer o exercício de tentar resgatar a minha esperança e pensar que um dia surgiria uma oportunidade do tamanho do meu merecimento. Não era porque eu não havia me adaptado no trabalho anterior que eu deveria desistir de buscar um lugar que me acolhesse de verdade. Às vezes, precisamos passar por vários obstáculos até chegar aonde realmente desejamos estar.

Aprendi também que cada coisa acontece no tempo certo e no momento em que estamos preparados. Para quem está passando por uma situação parecida, eu costumo dizer: "Não desista e tenha coragem de encarar o que vier pela frente, pois, uma hora ou outra, seja lá como for, surgirá uma grande oportunidade na sua vida, da mesma forma que apareceu para mim". Um dia, meu pai estava conversando com um colega de trabalho e comentou que estávamos buscando vagas em empresas que contratassem pessoas com deficiência intelectual. Ele contou que, embora eu já tivesse trabalhado em outros lugares, estava tendo dificuldades de encontrar uma vaga que se encaixasse no meu perfil. O que acontecia muitas vezes era que, apesar de as empresas terem interesse em me conhecer, pareciam não estar dispostas a mudar a cultura e se abrir para o novo. Por coincidência, esse amigo, que se chama Mauro, era irmão de Julio, na época vice-presidente de uma das maiores companhias de bens de consumo do mundo. Ele então se dispôs a nos ajudar e disse que conversaria com o Julio a respeito disso.

A resposta pareceu positiva. Dias depois, pediram para que eu mandasse o meu currículo. Eu estava ansiosa para receber um retorno do RH. Dessa vez, meus pais e eu estávamos mais confiantes. Havíamos pesquisado sobre a empresa e vimos que o seu engajamento com a inclusão parecia ser verdadeiro. Logo pudemos comprovar. Apesar de não haver ninguém com deficiência intelectual dentro dos escritórios — apenas nos pontos de venda —, Julio se propôs a fazer o que muitas empresas não tiveram coragem: apostar no meu potencial e no benefício que alguém como eu poderia levar para a organização. Julio conta que nem sempre um propósito nasce de coisas bonitas, são os sentimentos que fazem com que algo desperte dentro de nós. A separação de seus pais na década de 1970 foi um acontecimento que marcou a sua vida. Nessa época, uma mulher divorciada era estigmatizada pela sociedade. Ao ver sua mãe sendo excluída do convívio social, instintivamente jurou para si mesmo que iria trabalhar para incluir as pessoas. Assim, o seu propósito de promover a inclusão no mercado de trabalho nasceu do sentimento que Julio viveu e carrega até hoje consigo, tornando-se um ativista social das causas relacionadas à diversidade e à inclusão. Além de tudo isso, até os seus quarenta anos, Julio escondeu o seu medo de avião e de elevador por receio de não ser aceito pelas pessoas. Quando teve coragem de assumir suas inseguranças, percebeu a importância de as pessoas se aceitarem como são.

Aberto para novas possibilidades, Julio enxergou em mim uma oportunidade de expandir ainda mais o seu propósito em promover a inclusão. "Eu nunca tive uma pessoa com autismo no meu time. Vamos entender como funciona. Eu acho que é muito importante, então estou disposto a criar uma vaga", disse Julio a Fernando, na época, diretor de RH da companhia. Alguns meses depois, recebi uma ligação do RH me chamando para uma entrevista. Mas, antes de confirmar, minha mãe quis se certificar de que todos estavam cientes das dificuldades e dos traumas que eu tinha, da minha personalidade e da máxima dedicação que as equipes teriam que ter para me ensinar. Eles responderam que estavam dispostos a fazer o que fosse preciso para eu me sentir incluída na empresa. Por essa razão, Julio buscou pessoas da equipe que pudessem fazer esse trabalho como um propósito, e não como um simples dever, pois só daria certo se as pessoas se envolvessem de forma verdadeira. Foi quando acionaram a Fernanda, na época gerente de trade marketing da área de "ice cream" ("sorvete", em português).

Muito antes da minha chegada, Fernanda já vinha fazendo um trabalho de inclusão, motivada pela própria multinacional, que incentivava os colaboradores a encontrarem seus propósitos e transformá-los em projetos dentro da empresa. Com isso, a diversidade e a inclusão começaram a ganhar força. Fernanda, por exemplo, fazia trabalhos de inclusão com os jovens aprendizes. Ela dedicava uma parte do seu tempo promovendo cafés para conhecer melhor a história de cada um, saber quais eram suas maiores dificuldades e ouvir sugestões de melhoria para a empresa ser mais inclusiva. Uma das transformações que ela promoveu foi a criação de um programa de desenvolvimento para que eles conhecessem outras áreas da empresa, não se sentissem excluídos e tivessem mais possibilidades de evolução de carreira. Apesar de não ter nenhuma deficiência, por vir de uma origem humilde, Fernanda sabia como era o sentimento de exclusão em alguns ambientes e, por isso, buscava fazer com que todos se sentissem incluídos, sempre enfatizando a importância de aceitar as pessoas pelo que elas são. Pelo seu excelente trabalho, Fernanda ficou conhecida no RH. Portanto, não havia outra pessoa melhor para me entrevistar. Se desse tudo certo, eu entraria na sua equipe como assistente de trade marketing.

Ela conta que, antes da entrevista, não quis ver uma foto minha nem mesmo analisar meu currículo com profundidade, assim como costuma fazer com outros candidatos, pois acredita ser muito mais efetivo avaliar o comportamento das pessoas e sua vontade de trabalhar do que apenas a sua qualificação. A minha entrevista foi igual à de qualquer um. Pude contar um pouco da minha história, das minhas experiências profissionais e das coisas que eu gostava de fazer, o que surpreendeu Fernanda e Daniela, do RH, que também estava presente na entrevista. Por ser autista, pensaram que eu não era comunicativa e que teriam que fazer várias perguntas para eu responder. Quem me conhece sabe que não preciso de permissão para falar. Com o meu jeito extrovertido, vou logo contando da minha vida e interagindo com as pessoas que estão por perto.

Uma das primeiras perguntas que fiz para o RH foi se eu teria que trabalhar de casa. Lembro que a resposta da Fernanda foi: "Sim, nós adoramos fazer home office aqui". Na hora, senti uma ansiedade muito grande e perguntei se eu seria obrigada a fazer isso. Sem entender muito bem, ela me acalmou dizendo que eu não precisava fazer nada que eu não quisesse. Meus pais então tentaram explicar da melhor forma possível como a minha cabeça funcionava, todas as minhas necessidades e limitações e, principalmente, o meu trauma com o home office. Disseram que não seria fácil, mas que, com o tempo, eu me adaptaria e conseguiria mostrar o que tenho de melhor. Eu só precisava de uma oportunidade e um ambiente seguro onde eu pudesse ser quem eu era.

Fernanda conta que, depois da entrevista, ficou pensativa, sentindo que seria uma responsabilidade muito grande me ter em sua equipe. Afinal, ela nunca trabalhou e sequer teve contato mais próximo com alguém como eu. Por outro lado, o RH a deixou à vontade para decidir o que fosse melhor, pois era importante que essa escolha fosse pessoal e estivesse alinhada a seus propósitos. Se ela dissesse que estaria preparada para me receber, toda a empresa se colocaria à disposição para dar todo o suporte que fosse necessário. Fernanda aceitou, mas deixou claro que isso não dependeria só de sua escolha, mas de sua equipe inteira. Se o time não estivesse disposto a se engajar na causa, não iria dar certo. Mesmo sem saber ao certo o que poderiam esperar com a minha chegada e sem ter uma fórmula pronta para lidar com alguém do espectro autista, a equipe topou sair da zona de conforto e encarar o desconhecido. Como disse a coordenadora da equipe, Bruna: "Eu não sabia como seria, mas sabia que tinha um coração grande suficiente para conseguir encontrar tempo e paciência para aprender com isso".

Dois meses depois, recebi uma ligação do RH. Eu havia sido contratada. Eu e meus pais ficamos muito felizes com a notícia. Estávamos confiantes de que, dessa vez, tudo seria diferente. E essa expectativa tinha motivo: antes de eu começar a trabalhar, meus pais, junto à Sueli, minha antiga chefe — a única que até então havia conseguido me desenvolver e me proporcionar a melhor experiência profissional que eu já tive —, foram chamados para ajudar a empresa a se preparar para me receber. Apesar de ter uma agenda de diversidade e inclusão com mais de dez anos, a companhia nunca teve uma pessoa com deficiência intelectual dentro do escritório. Eu seria a primeira a ocupar uma vaga na área corporativa.

Durante as reuniões, meu pai discretamente dizia para eu falar mais baixo. Às vezes, não consigo controlar o volume da minha voz e acabo falando muito alto sem perceber. Mas minha mãe discordava: "Mauro, para com isso, essa é a Julie. Eles têm que entender que ela é assim. Você não vai poder estar com ela no trabalho". Eu também faço perguntas que podem ser inadequadas. Mas é o meu jeito, e a empresa precisava entender. Era muito importante que tudo ficasse claro, que as pessoas soubessem quem eu realmente era, para que não cometêssemos o mesmo erro do passado. Se a empresa não estivesse disposta a me aceitar, era melhor que fossem sinceros e me dispensassem ali mesmo.

Eles me enxergavam como uma oportunidade — e não como um risco. Eles realmente estavam interessados em aprender e testar novas possibilidades. Durante quarenta dias, fizeram uma imersão para entender o que precisava ser feito para que todo o meu processo de trabalho fosse inclusivo. Mas não havia uma receita pronta, pois, como dizia a minha antiga chefe: "Não existe fórmula para tratar as pessoas. Por que achamos que com alguém que tem deficiência existirá alguma?". Ela explicou para a equipe que o máximo que poderia dar certo seria replicar o método que ela usava para me passar tarefas e me ensinar como executá-las. Porém, tentar entender como eu funcionava em cada situação do cotidiano era um desperdício de tempo. Afinal, assim como qualquer outra pessoa, sou imprevisível. Não podemos prever quando alguém vai acordar triste ou feliz e saber exatamente o que fazer nessas situações. Até por isso a empresa não quis estruturar um treinamento formal. Claro que, antes da minha chegada, algumas instruções foram passadas para facilitar a integração no primeiro momento. Mas as pessoas só aprenderiam a lidar com alguém como eu de forma verdadeira se deixassem o preconceito de lado, tirassem dúvidas diretamente comigo sem ter vergonha de perguntar e, principalmente, me escutassem.

A equipe não simplesmente definiu as tarefas que achou serem ideais para mim. O tempo todo, éramos consultados para saber se de fato eu me encaixaria nas atividades propostas e como poderiam ser adaptadas para o meu perfil. Ou seja, foi uma construção feita em conjunto. Do outro lado, meus pais iam passando algumas dicas, como me avisar com antecedência quando eu não puder falar durante uma reunião e, toda vez que eu for inconveniente, me chamar a atenção e explicar como devo me comportar. Também avisaram que eu poderia ter algumas crises e que, caso isso acontecesse, poderiam entrar em contato com a família. No começo, eu tinha uma rede de apoio que se chamava "Anjos da Julie". Pessoas de diversas áreas se ofereceram para ficar de prontidão caso eu precisasse de algum suporte. Algumas ajudas foram necessárias, mas outras não, como me guiar pelos corredores do escritório. Por ter uma memória excelente, dificilmente esqueço os caminhos.

Uma semana antes da minha chegada, Fernanda e Julio fizeram uma apresentação para todas as equipes para prepará-los para me receber.

Além de conversar com meus pais e com minha antiga chefe, a equipe inteira buscou se informar ao máximo sobre o espectro autista, lendo livros e artigos e assistindo a filmes e documentários que tratavam sobre o tema. No momento em que soube que não existia um padrão de comportamento, Fernanda havia ficado preocupada em não conseguir ser uma boa gestora para mim e com medo de eu não ser aceita pelas pessoas. Mas logo percebeu que o que tornou todo esse processo mais simples foi o diálogo que teve comigo e com os meus pais, que o tempo todo diziam que seria desafiador, mas que o importante era ter paciência e compreensão, que uma hora ela aprenderia a conviver comigo assim como eu aprenderia a conviver com eles. Afinal, viver em harmonia com a sociedade é aceitar e respeitar as pessoas pelo que elas são. Estamos sempre aprendendo a conviver uns com os outros. E as pessoas que têm deficiência não merecem ser tratadas de forma diferente.

Alguns dias antes de iniciar o meu trabalho, recebi uma carta da equipe com as fotos de cada integrante, incluindo a minha, dizendo que todos estavam ansiosos para me receber e que cresceríamos e aprenderíamos juntos.

> Julie, seja muito bem-vinda!!!
>
> Nesse dia 2 de abril, tão importante para refletirmos sobre o autismo, estamos extremamente felizes em saber que em um pouco mais de um mês estaremos convivendo com você.
>
> Você nem sabe, mas já está ajudando muito a gente. Desde que a Fe e a Dani te conheceram, todos nós estamos mais atentos para toda a diversidade que está ao nosso redor.
>
> Conta com a gente. Aqui nós aprendemos juntos, crescemos juntos, nos desafiamos juntos.
>
> Abraços!

Fiquei muito surpresa e feliz ao receber essa mensagem, pois senti que eles queriam que eu realmente fizesse parte da equipe. E eu sempre quis ter a sensação de pertencer a um grupo. Estava ansiosa para começar.

INÍCIO DE UM SONHO

O dia 13 de maio de 2019 é uma data marcante para mim, pois foi o meu primeiro dia na multinacional. Fiquei impressionada com a recepção que eu tive. As pessoas me cumprimentavam, sorriam, conversavam comigo e se colocavam à disposição para me ajudar no que eu precisasse. Todos estavam realmente preparados para a minha chegada. Eu me senti acolhida desde o primeiro momento — algo que nunca havia acontecido em outros lugares, pelo menos não com essa proporção. Julio disse que eu poderia me sentir como se fosse a minha segunda casa. Antes de eu entender que isso era apenas uma expressão, eu realmente tive a sensação de que aquele era um lugar confortável e seguro, como um lar.

A primeira semana foi de integração. Conheci pessoas novas, passei a tomar café e até almoçar com elas. Pela primeira vez, eu tive a oportunidade de levar marmita e almoçar com duas amigas que fiz nos meus primeiros dias na empresa. Certa vez, fiquei gripada e, ao enviar para a enfermeira o meu atestado, aproveitei para marcar um café com ela no andar onde ela trabalhava. É assim que faço amizades. Além de conhecer as pessoas, eu conheci todas as áreas da empresa, como tudo funcionava e a hierarquia. Gosto de saber quem está acima e abaixo de mim, assim tudo fica mais organizado. Para alguém que tem autismo, isso faz toda a diferença, pois lidar com o desconhecido nos deixa ansiosos. Meus pais e minha antiga chefe haviam dito que eu funcionava melhor trabalhando com coisas concretas, que eu poderia ver, sentir e tocar. Então, a empresa me colocou na área de "trade ice" e, logo na primeira semana, a equipe me levou ao supermercado para mostrar quais eram os produtos que pertenciam à marca.

A gerente era a Fernanda, mas a minha chefe direta era a Bruna. Cada dia da semana um integrante do time ficava responsável por me orientar e tirar minhas dúvidas. Assim, eu sabia exatamente a quem recorrer, o que me deixava segura. O objetivo era que eu aprendesse o passo a passo de cada atividade até eu conquistar minha autonomia. Nesse momento, a organização foi muito essencial para que todos conseguissem se dedicar a mim e às suas devidas tarefas. Na hora de avaliar o desempenho dos integrantes do time, a Fernanda passou a considerar não apenas suas entregas, mas quão inclusivos eles estavam sendo com as pessoas. Apesar de no começo ter sido uma experiência de tentativas e erros, a equipe toda estava envolvida e empenhada em me fazer sentir pertencente ao trabalho.

Algumas atividades deram certo e outras não. Uma das que não funcionou para mim foi separar as "fotos boas" de sorvetes que os vendedores dos supermercados enviavam para nós. Eu tinha dificuldades para saber o que era uma foto boa. "Boa", para mim, é uma palavra muito vaga, eu precisava de critérios exatos, de um manual de instrução. Ser inclusivo é entender que quem tem deficiência tem pontos fortes e fracos, assim como qualquer outra pessoa, e que a melhor alternativa é buscar atividades que explorem o que temos de melhor. Naquele momento, ainda estávamos descobrindo de que forma as minhas habilidades poderiam agregar para o negócio da empresa. A Bruna, que havia acabado de chegar na área com a missão de desenvolver o e-commerce, viu em mim grande potencial para me juntar a ela nessa empreitada. Por ser extremamente focada, a atividade que passei a fazer foi entrar nos sites das lojas, anotar os preços dos sorvetes e montar uma tabela. Isso deu certo, pois havia um direcionamento específico que me fez entender perfeitamente o que eu precisava fazer. Além disso, ela sempre procurava me mostrar como o meu trabalho estava impactando nos resultados da empresa.

Minhas atividades semanais eram divididas da seguinte forma: na segunda-feira, eu trabalhava com o e-commerce; nas terças e quartas-feiras, olhava o site para ver como estavam as vendas da empresa e a dos concorrentes; nas quintas-feiras, tinha uma reunião de time em que cada um fazia uma apresentação do seu trabalho; e, nas sextas-feiras, via fotos de execução e relatórios dos produtos. Minha equipe valorizou muito as minhas habilidades com o computador, a minha comunicação e a minha memória excelente para escolher as atividades de que eu poderia dar conta e ir desenvolvendo autonomia. Tudo isso me deixou muito feliz.

Com o tempo, fui entendendo que cada pessoa tinha a sua rotina. Minha chefe, por morar muito longe da empresa, nem sempre conseguia chegar no mesmo horário que eu. Então, tivemos que achar um jeito para eu não me sentir desamparada nos primeiros trinta minutos do meu expediente. A Bruna me incentivava a ser independente, ela dizia que eu precisava aprender a ficar um tempo sozinha sem me desesperar, pois eu já era uma adulta. Combinamos que ela não precisaria mais sentar ao meu lado, exceto para me ensinar uma atividade nova. Gostei muito desse combinado, porque me deu segurança, e passei a sentir de verdade que estava me desenvolvendo.

As pessoas da minha equipe ficaram surpresas com o meu desempenho nos primeiros meses. Elas perceberam que eu não precisava de alguém para me proteger, mas, sim, de uma rede de apoio para me orientar e me ajudar quando fosse preciso. Não devemos supor quais são as necessidades que uma pessoa com deficiência tem, pois as atitudes precipitadas podem limitar alguém que tem plena capacidade de fazer as coisas sozinho. E a equipe teve esse cuidado. Quando eu fazia um bom trabalho, eles me parabenizavam, mas também, quando eu errava ou tomava atitudes inadequadas, eles eram sinceros comigo.

Toda vez que a Fernanda ia me corrigir para me orientar, ela sempre se perguntava antes: "Se fosse com outra pessoa, eu faria a mesma coisa?". Se a resposta fosse não, talvez pudesse ser preconceito ou um sinal de que deveria aplicar a mesma orientação para os outros também. Por exemplo, eu não consigo controlar o volume da minha voz, então muitas vezes eu falo alto, e isso pode incomodar quem está trabalhando. Porém, um funcionário que fala alto durante uma ligação telefônica também pode incomodar os outros. Nesse caso, o que vale para mim tem que valer para ele também. A Fernanda também me alertou para os pequenos detalhes do dia a dia, como recolher o meu prato após as refeições e deixar minha mesa limpa e organizada no final do expediente. Ela dizia que, se eu quisesse ser uma adulta independente, teria que começar a fazer as coisas sozinha e não depender dos outros. Foi um avanço importante para a minha autonomia.

A Bruna conta que a minha chegada mudou o ambiente. Antes, a área era desorganizada, havia muitas demandas e alterações que aconteciam dentro do time. Por saberem que eu tinha muitas dificuldades em aceitar mudanças, eles foram obrigados a se organizar melhor, estruturar todo o processo de trabalho, estabelecer rotinas e ser mais disciplinados. As reuniões passaram a acontecer semanalmente e era um momento em que todos se conectavam e ficavam mais próximos uns dos outros. Com isso, era possível ter uma visão ampla sobre os trabalhos que cada um vinha executando. Para mim, era muito importante ver que o meu trabalho fazia parte de algo maior. Assim, eu tinha mais vontade de colaborar e entregar um serviço bem-feito. O melhor de tudo é que, após as reuniões, saímos todos juntos para almoçar em algum restaurante próximo. Certa vez, fizemos a reunião na casa da Fernanda e depois comemos hambúrguer, a minha comida preferida. Na hora, eu pensei: "Se a nossa chefe chamou para uma reunião em sua casa, será que eu não posso chamar para a minha também?". Sugeri para a minha equipe e eles aceitaram. Foi um dia especial.

Trabalhar com eles era muito prazeroso. Lembro que, nos primeiros dias, quando as pessoas ficaram sabendo que eu e a Bruna estaríamos na mesma equipe, ficaram preocupadas, mas ao mesmo tempo acharam engraçado, pois nós duas éramos consideradas as pessoas mais sinceras da empresa. Quando eu estava junto numa roda de conversa, ela tentava usar menos metáforas, pois sabia que eu tinha dificuldades para entender, por isso, tentava ao máximo ter uma comunicação mais explícita para não me deixar de fora. Eu e a Bruna nos dávamos muito bem. Assim como eu e a Larissa, que também era da minha equipe e me ajudava com as atividades. Lembro-me do dia em que ela precisou trabalhar de casa. Ao voltar para o escritório, pegamos o elevador juntas e eu perguntei: "Lari, como é trabalhar de pijama no seu home office?". Todos que estavam no elevador riram. No outro dia, ela me chamou para tomar um sorvete, porque sua irmã, que era de outra cidade e estaria em São Paulo, queria me conhecer. Eu fiquei empolgada. Como gosto de ter coisas em comum com as pessoas, eu quis convidar a minha irmã para ir também. Depois, Larissa me disse que talvez levaria os seus pais. Então eu quis chamar os meus. Mas o marido dela não poderia ir, então eu falei para o meu cunhado não ir também. Esse encontro foi muito especial, porque acabou criando uma amizade entre as nossas famílias.

Fernando diz que eu fui uma pessoa que destoou positivamente na empresa, pelo meu jeito sociável e sincero de ser. Ele fala que eu fiz "barulho" e tirei todo mundo do "piloto automático", ou seja, por ser uma pessoa que tem uma visão diferente das outras, eu consegui inovar o ambiente de trabalho. As pessoas que têm alguma deficiência costumam sempre trazer ideias novas por terem vivido experiências que muitos desconhecem. No meu caso, por não conseguir esconder a minha deficiência, era impossível não reparar que eu era diferente do padrão das pessoas nos lugares em que trabalhei. Por isso, qualquer atitude preconceituosa ficava muito evidente. Lá, eles tiveram outro posicionamento: ao invés de tentarem me moldar ao padrão da empresa, eles escutaram a minha história e me permitiram ser quem eu sou. **ASSIM, ACABEI ME TORNANDO SÍMBOLO DA IDEIA DE QUE TODOS NÓS PODEMOS SER QUEM SOMOS. ESSE MODELO COMEÇOU A SER REPLICADO PARA OUTRAS PESSOAS QUE CHEGAVAM NA EMPRESA. O PROGRAMA DE RECEPÇÃO DE NOVOS COLABORADORES PASSOU A SER MAIS HUMANO E INDIVIDUALIZADO.**

Quando comecei a trabalhar lá, eles estavam organizando um movimento pela diversidade e equidade, de onde surgiu a ideia de criar o grupo de afinidades de pessoas com deficiência. O objetivo era criar um espaço de acolhimento, inclusivo e com equidade na empresa onde pudéssemos nos ajudar, compartilhando vivências, dores e necessidades. Adriana, fundadora e líder do movimento junto a Luana, foi quem me apresentou ao grupo. Ela tem deficiência auditiva e sempre sentiu necessidade de encontrar pessoas que têm vivências semelhantes dentro da empresa, para conversar e pensar em ações e campanhas internas e externas de conscientização sobre diversidade e representatividade.

Aprendi que, quanto mais falamos sobre o assunto, mais ele se torna normal para as pessoas. As conversas e treinamentos que o grupo promovia internamente eram muito importantes para que pudéssemos falar sobre a deficiência de maneira aberta e sem preconceitos. Foi então que sugeri que fizéssemos uma live para conversar um pouco sobre autismo, um assunto que é pouco debatido na nossa sociedade. Além de me entrevistar, a Adriana também conversou com os meus pais — uma construção em conjunto. Isso foi muito importante para que não só as pessoas com deficiência, mas suas famílias também se sentissem acolhidas e menos sozinhas. O resultado foi positivo, pois outros pais também puderam compartilhar suas histórias. Em 2019, a companhia lançou um compromisso a nível global de, até 2025, se tornar referência dos profissionais com deficiência. Planejado para ser totalmente acessível, o Programa de Estágio 2021 conseguiu alcançar pela primeira vez 5% de pessoas com deficiência na turma contratada.

INCLUSÃO: A CHAVE PARA A INOVAÇÃO

A inclusão social não é uma política baseada em compaixão. Ela é um direito que deve ser garantido para toda e qualquer pessoa. Para que funcione de forma efetiva no mercado de trabalho, é necessário também que as empresas tratem a inclusão como uma estratégia para o negócio — e não como uma obrigação de cumprimento de cotas ou um ato de caridade —, pois os benefícios são reais, especialmente para a lucratividade da empresa.

Luana Suzina, gerente da área de Equidade, Diversidade e Inclusão da Unilever, afirma que a inclusão gera inovação para o ambiente de trabalho e, principalmente, para o negócio. Incluir pessoas de diversos marcadores sociais permite que a empresa encontre várias respostas para uma mesma pergunta, isto é, soluções e ideias novas, baseadas em vivências e visões de mundo diferentes, que contribuem significativamente na hora de tomar decisões, resolver dilemas e inovar um produto ou serviço, sobretudo numa sociedade que está se tornando cada vez mais complexa.

Isso se a inclusão for aplicada de maneira efetiva. Segundo levantamento feito pela McKinsey & Co, que analisou mais de mil grandes corporações espalhadas por quinze países, apesar de haver avanços no projeto de diversidade nesses lugares, quando se trata de inclusão, as empresas ainda deixam a desejar[18]. Carolina Videira explica que ainda vivemos em uma sociedade que perpetua o igual e exclui aqueles que se encontram fora do padrão que o mercado julga como profissionais qualificados e os mais aptos para ocupar cargos de liderança. Os líderes, por sua vez, ainda exigem que as pessoas pensem e se comportem como eles, o que elimina qualquer possibilidade de inovar e melhorar o ambiente de trabalho que poderia impactar positivamente nos resultados do negócio.

O que muitos ainda desconhecem é que, apesar de ser um trabalho que exige dedicação, tempo e paciência, estruturar e executar ações afirmativas para pessoas com deficiência acaba facilitando a vida de todos que estão ao seu redor. Para exemplificar, Suzina explica que as portas automáticas não só facilitam a vida de uma pessoa com deficiência física, mas de uma gestante ou de alguém que se machucou em um acidente — situações pelas quais todos estão sujeitos a passar. Aplicar esse entendimento nas estratégias do negócio faz com que os produtos e serviços sejam estruturados para atender a todos os públicos. Segundo Videira, atualmente, existem ferramentas de design, baseadas no conceito de desenho universal, que possibilitam criar do zero produtos e serviços sem barreiras, como foi o caso da invenção dos "fingers" (pontes de embarque). Antigamente, não havia pontes que ligavam o avião ao terminal do aeroporto, as pessoas precisavam descer pelas escadas da aeronave e caminhar até lá. Com o surgimento das rampas, os passageiros puderam transitar com mais facilidade, melhorando a vida do idoso, do cadeirante, de quem tem mobilidade reduzida e de alguém que simplesmente está com pressa. Ou seja, projetos que nascem inclusivos beneficiam qualquer pessoa e se tornam mais atrativos para os consumidores.

As empresas que entendem essa lógica identificam um grande potencial de aumentar seus lucros. Marinalva Cruz chama a atenção para um fato essencial quando se trata de inovação de produtos e serviços: a pessoa com deficiência não é só colaboradora, é também consumidora. Em um país onde 45,6 milhões de pessoas possuem algum tipo de deficiência, empresas que não atendem esse público desperdiçam a chance de expandir os seus negócios. Por essa razão, a participação de pessoas que têm perspectivas diferentes, por terem vivido em outros contextos, ajudam as companhias a levarem seus produtos e serviços a públicos diversos, impactando positivamente nos resultados da empresa. Uma pesquisa realizada pela consultoria Korn Ferry Hay Group comprova que a diversidade influencia diretamente na lucratividade. Segundo o relatório, empresas que dão espaço para as pessoas exporem suas ideias crescem em até 20% em termos financeiros[19].

Além do mais, as novas gerações estão chegando com outra mentalidade e exigindo cada vez mais o posicionamento por parte das empresas em relação a diversidade e inclusão. A Accenture, maior empresa de consultoria do mundo, investigou de que forma esses temas estão influenciando no comportamento de consumo das pessoas atualmente.

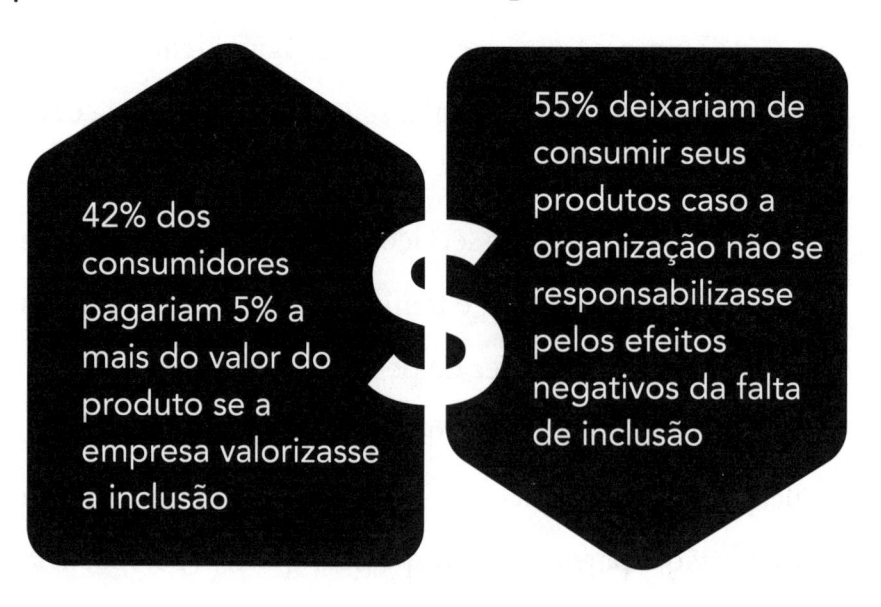

42% dos consumidores pagariam 5% a mais do valor do produto se a empresa valorizasse a inclusão

55% deixariam de consumir seus produtos caso a organização não se responsabilizasse pelos efeitos negativos da falta de inclusão

STANDISH, Jill; TAIANO, Joe; BOSSI, Maureen. How inclusion and diversity drive shoppers' behavior all in. Accenture, 13 mar. 2019. Disponível em: https://www.accenture.com/us-en/insights/retail/inclusion-diversity-retail. Acesso em: 07 fev. 2022.

Isso é apenas uma amostra de que, se as organizações não acompanharem tais transformações, ficarão para trás.

Benefícios da cultura inclusiva para o negócio

Empresas em que todas as pessoas são ouvidas, valorizadas e incluídas no trabalho têm:

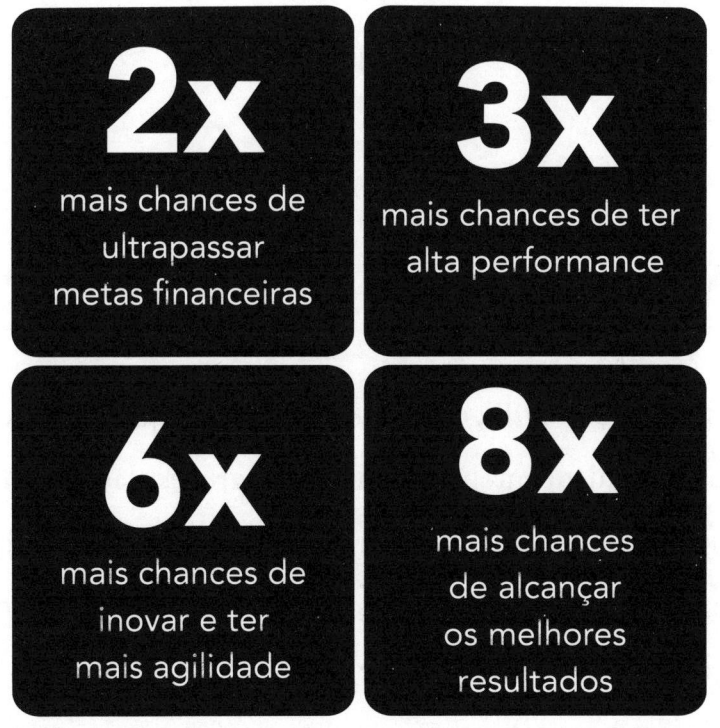

2x mais chances de ultrapassar metas financeiras

3x mais chances de ter alta performance

6x mais chances de inovar e ter mais agilidade

8x mais chances de alcançar os melhores resultados

CRUZ, Marinalva. 30 anos da Lei de Cotas: o que mudou? Goodbros, 6 jul. 2021. Disponível em: www.goodbros.com.br/2021/07/06/30-anos-da-lei-de-cotas-o-que-mudou.html. Acesso em: 5 out. 2021.

Suzina explica que um ambiente com diversidade aumenta o senso colaborativo das pessoas e permite que elas se ajudem mais, tanto em nível profissional como emocional. A pesquisa da Korn Ferry Hay Group revelou que colaboradores que estão inseridos em um ambiente inclusivo são 17% mais engajados, motivados e dispostos a fazer mais do que suas obrigações[20]. Além disso, os conflitos entre funcionários são reduzidos pela metade, melhorando a saúde organizacional da empresa. Tudo isso aumenta a produtividade e faz com que a receita líquida da organização cresça 4,5 vezes mais do que as outras.

CADA UM FAZ A DIFERENÇA

Em setembro de 2019, começou um boato de que os ônibus e os metrôs da cidade inteira entrariam em greve. Mas eu não sabia como isso poderia afetar o meu trabalho. Um dia, eu e minha equipe estávamos almoçando em um restaurante quando uma moça, que era do outro time e não me conhecia direito, disse: "Vocês viram que amanhã vamos ter que fazer home office? Vai ter greve de ônibus e todo mundo vai ter que trabalhar de casa". Isso me pegou de surpresa. Comecei a ficar ansiosa. Eu não podia fazer home office. Ninguém da minha equipe havia comentado para mim, pois eles sabiam do meu trauma e estavam esperando o momento certo para contar. "Vamos fazer o seguinte, vamos voltar para o escritório, você vai pegar a sua mochila e o seu computador e levar para casa", orientou Fernanda, que tentava me acalmar. Eu disse que não sabia se estava preparada. "Calma. Ainda não saiu esse comunicado. Se esse comunicado sair, eu vou te ligar e vamos combinar como vai ser esse seu home office, pode ser? Mas, se não tiver comunicado, você só vai vir amanhã com o seu computador e ligar aqui. Só leva o seu computador e mais tarde nos falamos."

Eu tinha muito medo de fazer home office. Eu ficava preocupada de não ter ninguém para tirar as minhas dúvidas, o que me causava muita ansiedade e insegurança. Era um trauma que eu achava que nunca conseguiria superar. No final daquele dia, a empresa confirmou que teríamos que trabalhar de casa. Foi um momento muito difícil para mim. O medo que eu senti um tempo atrás, e que esperava nunca mais sentir, estava prestes a voltar. E eu não sabia se estava preparada para encarar tudo aquilo de novo. Ficar sem tarefas, não entendendo as atividades, ter que mudar a minha rotina, sem saber exatamente o que fazer e ter que me comunicar a distância com aquela equipe da qual eu tanto gostava de estar junto me angustiava. Minha mãe já sabia que teria que fazer um trabalho redobrado para tentar me acalmar. Só não sabíamos que, dessa vez, seria diferente.

À noite, recebi um e-mail da Fernanda. Era um manual de instruções feito à mão por ela. Eu e minha mãe ficamos surpresas com todo o capricho e detalhe que ela havia colocado nessa lista, era um roteiro do que eu precisava fazer no dia do home office: "Você vai acordar e tomar café. Quando for 8h30, você vai ligar o seu computador do jeito que você sempre liga aqui. Ao ligar o computador, você vai me ligar e eu vou te dar o resto das instruções". No dia seguinte, segui suas orientações, ela me passou as tarefas pelo telefone e, pela primeira vez, consegui trabalhar de casa com tranquilidade. Eu fiquei muito feliz e me senti independente. Quis contar para todo mundo que eu havia conseguido o que jamais imaginei: encarar o meu medo de fazer home office. Minha mãe, que estava emocionada, quis ligar para a Fernanda para agradecê-la. "Dafna, eu não fiz nada demais. Eu levei apenas quinze minutos para fazer isso", respondeu ela.

Fernanda conta que isso foi um dos acontecimentos que impactou a forma como ela liderava. Havia várias perguntas que eu fazia que, no final das contas, era a dúvida que todos tinham. Ela percebeu que os outros também precisam de um manual de instruções, principalmente se é alguém que acabou de entrar na empresa. Não são só as pessoas com deficiência precisam de uma orientação detalhada. É desumano exigir que qualquer pessoa entregue um trabalho bem-feito sem antes ensinar e dar as diretrizes corretas. Eu costumava dizer que eu não era a "Mulher Maravilha" para conseguir dar conta de fazer tudo e aprendi que, na verdade, ninguém é. No início, todos nós precisamos de um manual de instruções.

Eu e meus pais ficávamos impressionados com tamanha proatividade que as pessoas tinham comigo. O mais curioso era que a maioria nunca havia tido contato com alguém como eu. Durante a minha vida, conheci pessoas incríveis que provaram que ninguém precisa ser um especialista em inclusão social para lidar com as diferenças. É importante ter o desejo de acolher e a vontade de aprender sobre o outro. Em uma das reuniões com a minha equipe, fiquei sabendo que Larissa ia se casar. Fiquei curiosa para saber se eu seria convidada. Não tive dúvidas. Fui até ela e perguntei: "Lari, você vai me chamar para o seu casamento?". Ela respondeu que sim, mas pediu para que eu não comentasse para ninguém, já que nem todos seriam convidados. Cheguei em casa quase não me aguentando de tanta felicidade e logo quis comprar um vestido novo. Por outro lado, meus pais ficaram muito preocupados, porque eu nunca havia ido a uma festa sozinha. Quem poderia ficar perto de mim caso eu precisasse de ajuda? Mas Larissa já havia pensado em tudo. Mesmo com o número de convidados limitado, ela sabia que eu não poderia ficar só. Meus pais só ficaram aliviados quando chegou o convite. No envelope, estava escrito: "À minha querida amiga Julie e seus pais".

Laura, minha professora de espanhol, e Elizabeth, minha professora de inglês, também são exemplos de que não precisamos ser especialistas em inclusão para termos empatia pelo outro. Elas buscaram se adaptar a mim e testar formas que pudessem tornar meu processo de aprendizado mais fácil e prazeroso. E deu certo. Laura procurava me mostrar que as dificuldades que eu tinha eram normais, como qualquer outra pessoa tem, e não porque sou autista. Ela também fez um trabalho importante de flexibilizar o meu pensamento. Antes, eu tinha dificuldade de fazer várias atividades dentro de uma aula, como exercícios de fala, leitura e escrita. Hoje, já consigo "transitar melhor pelos espaços", como ela costuma dizer. Elizabeth buscou tornar as aulas mais interessantes levando materiais sobre assuntos que eu gosto, como história e diversidade, para manter o meu foco. Ela diz que os desafios de me ensinar inglês ficam pequenos perto de tamanho entusiasmo que eu tenho para aprender. Eu me desenvolvi tanto em línguas que agora consigo até assistir filmes e séries em espanhol e em inglês.

No ano seguinte, fomos impactados pela pandemia da Covid-19. No dia 13 de março, foi decretada a quarentena para a cidade inteira e fomos obrigados a trabalhar de casa. Dessa vez, eu teria que fazer home office sem saber a previsão de quando poderia voltar a trabalhar presencialmente. Esse foi, mais uma vez, um exemplo de como um imprevisto me deixa ansiosa. Apesar de ter passado por uma experiência que me provou que eu tinha a capacidade de trabalhar sozinha em casa, ainda havia muita insegurança dentro de mim. Minha mãe precisou parar tudo o que estava fazendo durante um mês para achar alternativas que pudessem aliviar o meu desconforto com a nova situação e mostrar que não era só eu que estava passando por isso. Eu sentia que estava perdendo tudo o que havia conquistado até então, principalmente as amizades. Foi um período muito difícil. Mas eu consegui superá-lo.

Com a ajuda dos meus pais, decidimos montar uma apresentação para explicar à equipe o que eu estava sentindo naquele momento, o meu desconforto em fazer home office e o que as pessoas poderiam fazer para me ajudar a lidar com tudo isso da melhor forma possível. Com muitas explicações, empenho e dedicação do meu time, o meu home office deu certo. Tínhamos uma dinâmica que funcionava muito bem. Conversava com a minha chefe por chamada de vídeo e ela me orientava nas atividades. Minha equipe me explicou as vantagens de fazer home office, por exemplo não pegar trânsito, acordar mais tarde, colaborar com o meio ambiente e economizar o dinheiro da condução, que posso usar para comprar o que eu gosto. Aos poucos, fui aprendendo a trabalhar a distância.

Para eu não sentir que estava perdendo minhas amizades, minha mãe teve a ideia de fazermos o "Café cultural com a Julie", um encontro semanal em que eu tomava café com os meus colegas de trabalho e contava um pouco sobre as lives às quais havia assistido de uma personalidade importante, como a do Bill Gates, ou um livro que estava lendo. Foi uma experiência muito rica. Fui chamada para apresentar para os outros times também. O meu colega Nicolas toma café comigo até hoje. Ele diz que é um momento em que podemos relaxar, nos ajudar com conselhos e trocar ideias produtivas. Nicolas foi uma das pessoas que mais me ajudou no meu home office, me ensinando, principalmente, a usar as tecnologias, como fazer chamada de vídeo, configurar senhas e e-mails, entre outros. Sempre que eu precisava, ele estava pronto para me auxiliar. Mesmo ele tendo saído da companhia por um período, continuamos fazendo nossos encontros semanais. Nessa época, eu quis ajudá-lo também. Enviei o seu currículo para empresas em que eu já havia trabalhado e para a rede de contatos do meu pai, além de sempre insistir para o RH chamá-lo de volta. Parece que ouviram as minhas preces. Depois de pouco tempo, ele voltou, e eu fiquei muito feliz.

Mas o mais legal desses encontros virtuais foi o dia em que comemorei um ano na empresa. Fiz uma apresentação para demonstrar a minha felicidade em me sentir incluída e dizer o quanto me desenvolvi nesses últimos tempos. Falei um pouco sobre as conquistas e os desafios e coloquei fotos dos momentos mais especiais com a minha equipe, por exemplo a minha chegada, os nossos cafés e almoços e as confraternizações. No final, eu escrevi que cada um deles fazia diferença na minha vida.

Tudo isso tornou o meu home office mais tranquilo. Aprendi que tudo na vida tem o seu lado bom. A minha professora de inglês, Elizabeth, costuma dizer "Every cloud has a silver lining", uma expressão que significa que tudo tem seu lado positivo. Quando o céu se enche de nuvens, às vezes conseguimos ver o contorno da luz do sol. Ela me explicou que isso é igual à nossa vida: quando acontece algo ruim, sempre há algo bom. Quando o "tempo fecha", sempre há uma luz. "Silver lining" é sobre ter uma visão positiva e ser grato pelas coisas boas que existem no mundo, mesmo nos momentos mais difíceis. Nessa época, o meu "silver lining" eram os cafés on-line que eu marcava com meus colegas de trabalho e a companhia da minha cachorra Charlotte. Por mais que não gostasse de fazer home office, fiquei feliz por ter minha família, meus amigos e minha companheira peluda por perto.

Nessa época, o time de "ice", do qual eu fazia parte, passou por uma reestruturação, e a Fernanda não seria mais a minha chefe. Eu fiquei muito triste. Mas ela me disse que agora passaríamos a ser amigas pessoais, não só colegas de trabalho. Fiquei contente que pude manter a nossa amizade. Passei a trabalhar com a Claudia e a Dayrane, que já conhecia antes. Para nos auxiliar nessa transição, a companhia contratou uma empresa de consultoria que ajuda a desenvolver a inclusão por meio da comunicação empática, não violenta e acessível. Eles conversaram com o time, mapearam as atividades, identificaram as principais dificuldades e foram nos orientando e dando treinamentos para que a equipe conseguisse trabalhar da melhor forma possível e para que eu me sentisse incluída, apesar da distância, e pudesse desenvolver minhas habilidades.

Alguns meses depois, minha equipe começou a me passar algumas atividades do departamento de "foods" (alimentos, em português), que envolve produtos como caldos, temperos, massas e legumes enlatados. Logo percebi que eles já estavam planejando a minha transição para outra área. Desconfiei, pois começaram a me colocar para participar de reuniões com outras pessoas. Lembro que contei para os meus pais o que estava acontecendo e disse: "Eu posso ser autista, mas boba não sou". E eu estava certa. Essa mudança, no entanto, não me afetou.

Foi um processo que aconteceu de forma gradual — e não de repente — até eu me acostumar. Leonardo, o meu novo gerente, permitiu que a Andrea, a minha nova chefe, reservasse suas primeiras horas do expediente para me ensinar as atividades. Eu e a Andrea tínhamos muitas coisas em comum, por exemplo, somos do signo de escorpião e temos cachorros da mesma raça. Andrea ficava das 8 horas da manhã até o meio-dia na chamada de vídeo comigo. Foram duas semanas intensas, mas muito importantes para eu aprender a fazer minhas tarefas sozinha.

No final do meu trabalho, eu tenho que fazer um resumo do que eu fiz, do que eu aprendi, quais habilidades eu desenvolvi e em quais momentos eu tive dificuldade, para que a Andrea consiga identificar os pontos em que preciso melhorar. Quando erro ou esqueço de fazer alguma coisa, ela pontua e pede que eu escreva no meu caderno de dicas. Esse caderno é muito importante para o meu desenvolvimento. Lá eu anoto tudo o que vou aprendendo no meu dia a dia, como apertar o botão de "levantar a mão" toda vez que eu quiser falar em uma reunião por chamada de vídeo e dizer "por favor" quando for pedir alguma coisa a alguém. Esse foi o jeito que encontrei de aprender e me adaptar ao código de conduta da empresa.

Eu costumava não lidar muito bem com imperfeições, sempre me esforço para alcançar a excelência em tudo o que faço. Mas aprendi que nada é perfeito e que isso faz parte do crescimento. Giovanna, que hoje integra a minha equipe, sempre procura me mostrar que eu estou no caminho certo e que, assim como todo mundo, meu aprendizado é um processo que exige muita paciência. Em nossas reuniões semanais, analisamos o meu desempenho e ela me mostra o que preciso melhorar. Mas ela tenta deixar esse clima descontraído para que eu não sinta pressão em acertar sempre.

Em paralelo, temos a ajuda da empresa de consultoria, que, além de orientar os gestores, busca melhorar o meu desempenho no trabalho, para que eu desenvolva autonomia, autoestima e confiança — o que eles chamam de "emprego apoiado". No momento, estou treinando a habilidade de fazer análises críticas. Junto aos consultores, a equipe me passa exercícios para estudar os significados dos índices que aparecem nos relatórios e como interpretá-los. Uma vez por mês, eu me reúno com os consultores para apresentar as "lições de casa" que o meu time me passa e contar se tive alguma dificuldade, se algo me incomodou e o que tenho aprendido nos últimos dias. Certa vez, contei que havia conseguido ligar para a área de Tecnologia da Informação (TI) sozinha para recuperar uma senha que havia perdido. Fiquei muito feliz, pois não precisei da ajuda de ninguém. Não é sempre que minha chefe consegue me ajudar. Quando estou com algum problema técnico, primeiro recorro à minha mãe. Mas, como ela quer que eu ganhe autonomia, muitas vezes ela deixa eu resolver sozinha, para que eu saia da minha zona de conforto.

A MUDANÇA DE CULTURA É RESPONSABILIDADE DE TODOS

O austríaco Peter Drucker, considerado o pai da teoria da administração, dizia que 60% dos problemas organizacionais advêm da comunicação ineficaz. Ao colocar questões sensoriais, cognitivas e físicas em pauta, essa porcentagem tende a ser ainda maior. Segundo Rodrigo Credidio, consultor em comunicação inclusiva e empatia, a comunicação, tanto verbal como corporal, é capaz de aproximar e construir pontes entre mundos diversos que, apesar de fisicamente próximos, são separados principalmente por barreiras atitudinais. Embora muitas empresas estejam contratando pessoas com deficiência, a comunicação inclusiva ainda é um tema pouco explorado.

Credidio acredita que, por meio do diálogo e das trocas promovidas em treinamentos, rodas de conversa, reuniões e sessões de mentoria aliadas à revisão processual tanto de determinadas rotinas de atividades como nas formas de comunicação interpessoal, as barreiras atitudinais vão sendo derrubadas de forma sutil, para que a mudança de mentalidade ocorra naturalmente e a comunicação se torne mais acessível e inclusiva. A partir disso, novas estratégias devem ser mapeadas e aplicadas — as chamadas "adaptações razoáveis" — para que a pessoa com deficiência consiga desenvolver suas habilidades, trabalhar e ter oportunidades iguais aos demais. Simultaneamente, é preciso trabalhar a autoconfiança e a autoestima da pessoa com deficiência, a fim de que a sua relação com a equipe gestora e as demais áreas da empresa se torne sustentável a longo prazo.

César Lavoura Romão, que tem uma filha com síndrome de Down, conta que, durante o seu trabalho de consultoria de inclusão e diversidade dentro das empresas, percebeu que a falta de convivência com pessoas com deficiência aumenta ainda mais o preconceito e a desinformação, principalmente se o objetivo da empresa com a inclusão for cumprir cotas para não ser punida pela fiscalização. É preciso sensibilizar as equipes na tentativa de despertar reflexões, desenvolver a empatia e causar, ainda que mínima, uma transformação na mentalidade de cada um. Cabe, sobretudo aos gestores, entender que, embora no começo seja necessário ter uma dedicação maior, com o tempo, as pessoas vão adquirindo autonomia, e o trabalho passa a funcionar com fluidez. É como trabalhar em uma empresa onde as equipes falam outro idioma. No início é difícil, mas, com o tempo, as pessoas conseguem se adaptar.

Nas palavras de Credidio, tais estratégias provocam um choque de perspectiva capaz de tirar as lideranças da zona de conforto — passo primordial para gerar mudança na intenção de adotar processos inclusivos. Ele destaca que, para derrubar barreiras comunicacionais de forma efetiva, é necessário também praticar a escuta ativa e a empatia, ou seja, ouvir e compreender verdadeiramente o que a pessoa com deficiência está dizendo, sem deixar que os julgamentos e sistema de crenças de quem escuta afete essa conexão.

O gestor tem um papel fundamental nesse processo. Um dos maiores desafios da gestão no que tange a inclusão e diversidade é preparar os líderes para gerenciar conflitos e opiniões controversas, ter uma comunicação clara que seja entendida por todos e, principalmente, dedicar o seu tempo a ensinar e orientar aqueles que têm dificuldade. Leonardo Felix, gerente de trade marketing da Unilever, afirma que conviver com pessoas com deficiência é um processo constante de autocrítica que estimula a repensar não só as próprias atitudes como os modelos preestabelecidos, que, por vezes, podem ser preconceituosos e excludentes. Ele conta que construir um plano de carreira diferenciado para essas pessoas é um questionamento também bastante recorrente dentro da organização, já que é preciso avaliar não apenas o seu desempenho, mas as barreiras que precisam enfrentar em seu dia a dia, o que torna a equidade uma missão desafiadora.

Embora as empresas ainda não tenham respostas sólidas para tais questionamentos, Julio Campos, hoje presidente da Unilever Marketplace América Latina, defende que as iniciativas devem começar nas mais altas instâncias de uma organização; afinal, a liderança é a camada que tem maior poder de influência sobre os demais e as ferramentas necessárias para promover mudanças efetivas nas estruturas de uma empresa. Andrea Alvares, vice-presidente de Marca, Inovação, Internacional e Sustentabilidade na Natura e conselheira do Instituto Ethos, acredita que as iniciativas podem começar de qualquer lugar, mas é preciso que a liderança as inclua em sua agenda estratégica e estabeleça condições para que, de fato, gerem transformações significativas. A mudança cultural depende também da disposição dos líderes em criar outros caminhos. Segundo

Julio, isso não deve, no entanto, se restringir apenas a grandes organizações. Pequenos e médios empreendedores também têm o dever de promover a inclusão. Ele, que é conselheiro do Instituto Capitalismo Consciente Brasil, acredita que a inclusão não é sobre investimento ou custo, mas sobre mudança de mentalidade.

Credidio, que também tem formação em neurociência, explica que adotar medidas para promover sensibilização nas empresas vai aos poucos rompendo modelos mentais e criando sinapses (responsáveis pela comunicação entre dois ou mais neurônios), fazendo com que a mudança na cultura organizacional aconteça de forma natural e verdadeira. Em outras palavras, o preconceito vai sendo desconstruído, dando lugar à empatia. Segundo ele, é um trabalho silencioso, de longo prazo, que envolve muitas tentativas e erros, mas que deve partir de algum ponto — agora mais do que nunca.

UM "CASE" DE SUCESSO

As pessoas dizem eu sou um "case" de sucesso. Precisei ter coragem para encarar os desafios que a vida me trouxe logo que nasci. Tive o privilégio de estudar em boas escolas, mas nunca me senti incluída, assim como em algumas empresas em que trabalhei. Apesar de todos esses obstáculos, eu nunca pensei em desistir. Meus pais foram os primeiros a acreditarem no meu potencial e sempre me deram força para seguir em frente. Se eu tivesse perdido as esperanças, não teria encontrado um lugar que me fez, pela primeira vez, me sentir incluída.

Superação tem vários significados na vida: autonomia, tomar decisões e ser você mesma na escola ou no trabalho. Parece que o mundo não foi feito para nós, e as pessoas com dificuldades têm que sempre se superar e mostrar que podem ser úteis para a sociedade. Temos que ter coragem de sair de uma situação que não está bem e seguir o rumo da vida, sempre com o apoio da família. Precisamos aprender a expressar as nossas dificuldades e não ter vergonha de assumi-las, para que as pessoas possam nos entender e aprender a lidar com as diferenças. Isso se chama cooperação. E as pessoas que nos ajudam acabam se tornando pessoas melhores. Meu pai costuma dizer a seguinte frase:

"Eu me considero uma pessoa boa, mas depois que a Julie nasceu eu me tornei uma pessoa melhor".

Quando comecei a ganhar visibilidade no meio corporativo, passei a ser convidada para dar entrevistas para falar sobre inclusão no mercado de trabalho e minhas experiências pessoais. Dei entrevista para o LinkedIn[21], Estadão[22], UOL[23] e Globo[24], além de participar de uma palestra promovida pelo Instituto Serendipidade[25]. Em 2019, no Dia das Mães, eu, minha mãe e minha irmã fomos entrevistadas pela Luiza Trajano, fundadora da rede de lojas de varejo Magazine Luiza, em um evento do grupo Mulheres do Brasil, cujo tema era "Mães Protagonistas do Brasil"[26]. Minha mãe sempre foi atrás de possibilidades que pudessem me trazer ao máximo para perto da realidade. Falaram que eu não iria andar nem falar, e hoje eu ando e falo, graças a sua persistência. Quando me sentia diferente das pessoas, era ela quem me lembrava quem eu sou e, mesmo com todas as dificuldades, me dava coragem para encarar o mundo real.

Aprendi que todos nós, com deficiência ou não, temos dificuldades de nos adaptar a determinados lugares. Afinal, ainda não vivemos em um mundo que sabe acolher e aceitar as diferenças. Mas não podemos deixar que isso nos bloqueie. As pessoas dizem que, por eu ser comunicativa e espontânea e falar alto, todos percebem a minha presença e, com isso, acabo impactando os lugares em que passo. Por isso, minha missão hoje é contribuir para gerar uma mudança efetiva na sociedade e torná-la mais inclusiva. Eu quero que as pessoas tenham a mesma oportunidade que eu tive e que, um dia, elas possam viver em um mundo onde sejam livres para ser quem são.

Eu também passei a ser convidada para participar de palestras. Descobri que gostava da sensação de subir num palco, falar no microfone, me apresentar e ver os outros interessados no que eu tinha a dizer. Anos atrás, quando minha mãe me levava para assistir a palestras, eu pensava que essa era uma boa forma de inspirar as pessoas, pois eu sempre ficava motivada em saber a trajetória e os aprendizados de quem superou os desafios da vida e alcançou o sucesso. Quando subi pela primeira vez no palco, senti que, dessa vez, era eu quem estava ajudando as pessoas. Sempre sonhei em estar nessa posição. **DE REPENTE, DE UMA MERA ESPECTADORA, EU ME TORNEI A PROTAGONISTA DA MINHA PRÓPRIA HISTÓRIA.**

Para ver os momentos marcantes que vivi, basta apontar a câmera do seu celular para o QrCode e ser direcionado para o site do meu livro.

GLOSSÁRIO

AVALIAÇÃO NEUROPSICOLÓGICA

Exame que mede e descreve o perfil das capacidades cognitivas do indivíduo por meio de entrevistas e testes padronizados, a fim de identificar possíveis desordens neurológicas e outros transtornos[27].

BRAILE

O sistema braile é utilizado por pessoas com deficiência visual para leitura, permitindo o entendimento por meio de caracteres em relevo[28].

COMUNICAÇÃO NÃO VIOLENTA (CNV)

O conceito de comunicação não-violenta foi desenvolvido pelo norte-americano Marshall Rosenberg (1934-2015), como forma de construir uma cultura de paz por meio da reformulação do ato de falar e ouvir. A comunicação não violenta é um conjunto de habilidades de comunicação verbal e não verbal que se manifesta de maneira empática, a fim de estabelecer e fortalecer conexões humanas, permitindo que o interlocutor enxergue o mundo pela ótica do outro e tenha maior compreensão sobre os motivos de suas atitudes e comportamento[29].

EMPREGO APOIADO (POR RODRIGO CREDIDIO)

O emprego apoiado é uma metodologia originada nos Estados Unidos em meados da década de 1970, que visa à inclusão de pessoas com deficiência no mercado competitivo de trabalho, respeitando e reconhecendo suas escolhas, interesses, pontos fortes e necessidades de apoio. Este método foi concebido inicialmente por um grupo de profissionais que reconheciam que as "oficinas protegidas", modelo de trabalho vigente da época, não eram suficientes para garantir o preparo profissional adequado para um ingresso efetivo e sustentável no mercado de trabalho, gerando uma espécie de dependência das oficinas.

A partir de alguns projetos-pilotos feitos em universidades norte-americanas, percebeu-se o potencial da metodologia do emprego apoiado, o que acabou fazendo com que ganhasse cada vez mais espaço. O diferencial do emprego apoiado é o foco nas individualidades da pessoa com deficiência, que faz com que adequemos o posto e a jornada de trabalho para que haja maior ambientação e bem-estar físico e psicológico da pessoa com deficiência. Enquanto as "oficinas protegidas" preconizavam a estigmatização e o isolamento social da pessoa com deficiência, o emprego apoiado estimulava o modelo de emprego competitivo e o desenvolvimento sociocognitivo a partir das várias interações no ambiente de trabalho.

Um aspecto muito interessante da metodologia é que ela serve para pessoas com qualquer deficiência, em particular com deficiência intelectual ou de algum aspecto da neurodiversidade, em todo e qualquer formato de contratação, seja no formato de estágio, de jovem aprendiz ou de contratação formal (CLT). E, dessa forma, a pessoa com deficiência ganha mais autonomia e caminha em direção à sua realização profissional em condições equitativas de empregabilidade.

FORMAÇÃO PSICOSSOCIAL

Desenvolvimento da psique do indivíduo a partir do convívio social. A personalidade, os pensamentos, os comportamentos e os sentimentos do indivíduo são influenciados pela relação dele com os demais.

HIPOTONIA GENERALIZADA GRAVE

Hipotonia é a diminuição do tônus muscular e da força, causando moleza e flacidez. É uma das consequências da síndrome de Pelizaeus-Merzbacher (PMD, na sigla em inglês), uma doença degenerativa rara, na qual o sistema nervoso carece de mielina, substância que tem a função de estimular os impulsos nervosos. Quem possui PMD tem problemas respiratórios e dificuldades para andar, falar e desenvolver raciocínios[30].

LÍNGUA BRASILEIRA DE SINAIS (LIBRAS)

Língua oficial da comunidade surda do Brasil, que se manifesta por meio da combinação de sinais e expressões faciais, substituindo o modelo oral-auditivo[31].

NEURODIVERSIDADE

Criado pela socióloga australiana Judy Singer, o conceito de neurodiversidade parte do entendimento de que pessoas diagnosticadas com transtorno do espectro autista, dislexia, transtorno do déficit de atenção com hiperatividade, entre outros, não devem ser tratadas como doentes, mas como indivíduos com conexão neurológica atípica, que devem ser respeitados como aqueles com qualquer outra diferença – e não curados[32].

PSICOMOTRICIDADE

A palavra psicomotricidade vem do grego "psiché", que significa "alma", e motriz, que quer dizer "movimento". É a ciência que busca estabelecer conexão entre o emocional, o físico e o cognitivo do indivíduo. A psicomotricidade é a capacidade psíquica de realizar movimentos por meio de atividades psíquicas que convertem a imagem em ação, estimulando os sistemas musculares adequados. Algumas das funções da psicomotricidade incluem estimular a coordenação motora, impulsionar a criatividade, trabalhar a socialização, fortalecer a autoconfiança e desenvolver a capacidade sensorial em relação ao ambiente externo[33].

TECNOLOGIA ASSISTIVA

É uma área interdisciplinar que oferece recursos e serviços com o objetivo de promover a inclusão social e desenvolver autonomia e independência das pessoas com deficiência[34].

TERAPIA OCUPACIONAL

De acordo com o Conselho Federal de Fisioterapia e Terapia Ocupacional (Coffito), a terapia ocupacional é uma área voltada "aos estudos, à prevenção e ao tratamento de indivíduos portadores de alterações cognitivas, afetivas, perceptivas e psicomotoras, decorrentes ou não de distúrbios genéticos, traumáticos e/ou de doenças adquiridas"[35]. A função do terapeuta ocupacional é buscar formas de ajudar o paciente a realizar atividades cotidianas e sociais com as quais tem dificuldade, como trabalhar, estudar, praticar esportes, se alimentar, se vestir, entre outros, a fim de desenvolver sua autonomia e independência, melhorando sua qualidade de vida.

TRANSTORNO DA ANSIEDADE GENERALIZADA (TAG)

A ansiedade é um sentimento normal relacionada à reação de luta ou fuga quando se está diante de uma situação de ameaça, causando medo, nervosismo e estresse. No entanto, o transtorno de ansiedade gera um medo excessivo. A Associação Americana de Psiquiatria[36] define a ansiedade como a antecipação de uma preocupação futura que pode se tornar um distúrbio quando seus sintomas – preocupação excessiva e insistente, nervosismo, dificuldade de concentração, problemas para dormir, entre outros – passam a prejudicar o desempenho do indivíduo no dia a dia.

TRANSTORNO DO DÉFICIT DE ATENÇÃO COM HIPERATIVIDADE (TDAH)

É um transtorno neurobiológico, de causas genéticas variadas, que começa na infância e pode se prolongar para a vida adulta. Quem tem TDAH apresenta sintomas como dificuldade de atenção, hiperatividade e impulsividade[37].

NOTAS

1. CLOSE, Heather A. *et al*. Co-occurring Conditions and Change in Diagnosis in Autism Spectrum Disorders. American Academy of Pediatrics, v. 129, n. 2, p. e305-e306, fev. 2012. Disponível em: https://pediatrics.aappublications.org/content/129/2/e305. Acesso em: 5 out. 2021.

2. FIGUEIRA, Emílio. Caminhando em silêncio: uma introdução à trajetória das pessoas com deficiência na história do Brasil. São Paulo: Giz Editorial, 2009.

3. BRASIL. Política Nacional de Educação Especial na Perspectiva da Educação Inclusiva. Brasília, DF: Presidência da República, 2008. Disponível em: http://portal.mec.gov.br/arquivos/pdf/politicaeducespecial.pdf. Acesso em: 15 dez. 2021.

4. BRASIL. Lei Brasileira de Inclusão da Pessoa com Deficiência. Brasília, DF: Presidência da República, 2015. Disponível em: http://www.planalto.gov.br/ccivil_03/_ato2015-2018/2015/lei/l13146.htm. Acesso em: 15 dez. 2021.

5. RAMOS, Paula. O que (não) há de novo na nova política de educação especial. Nexo Jornal, 10 out. 2020. Disponível em: www.nexojornal.com.br/ensaio/2020/O-que-não-há-de-novo-na-nova-política-de-educação-especial. Acesso em: 5 out. 2021.

6. PROJETO de estudo sobre ações discriminatórias no âmbito escolar, organizadas de acordo com áreas temáticas, a saber, étnico-racial, gênero, geracional, territorial, necessidades especiais, socioeconômica e orientação sexual. São Paulo: FIPE, maio 2009. Disponível em: http://portal.mec.gov.br/dmdocuments/relatoriofinal.pdf. Acesso em: 5 out. 2021.

7. FLORES, Júlia. Escola nega matrícula de filho autista e influenciadora desabafa: "Exausta". Universa UOL, 13 fev. 2021. Disponível em: www.uol.com.br/universa/noticias/redacao/2021/02/13/influenciadora-denuncia-escola-por-recusar-a-matricula-do-filho-autista.htm. Acesso em: 5 out. 2021

8. Os nomes foram omitidos para preservar a segurança das instituições.

9. BRASIL. Lei nº 8.213, de 24 de julho de 1991. Brasília, DF: Presidência da República, 1991. Disponível em: www.planalto.gov.br/ccivil_03/leis/l8213cons.htm. Acesso em: 15 dez. 2021.

10. MUNHOZ, Tuca; CARMO, José Carlos do. 30 vozes: celebração dos trinta anos da Lei de Cotas para a pessoa com deficiência. Livro eletrônico. São Paulo: Modo Parités, 2021.

11. Em agosto de 2021, o IBGE divulgou a Pesquisa Nacional de Saúde (PNS) 2019, que traz novos dados sobre pessoas com deficiência. A pesquisa revela que, naquele ano, havia 17,3 milhões de pessoas de 2 anos de idade ou mais com deficiência. O número é menor em relação ao Censo de 2010, pois houve uma mudança na percepção de dificuldades. Antes, para ser considerado uma pessoa com deficiência, bastava ter pelo menos alguma dificuldade na realização de atividades habituais que envolvessem funções físicas, auditivas, visuais e intelectuais. Agora, é necessário ter grande dificuldade nessas atividades habituais ou não conseguir realizá-las de modo algum. Saiba mais em:

- BRASIL. Ministério da Saúde. Censo Demográfico de 2020 e o mapeamento das pessoas com deficiência no Brasil. Brasília, 8 maio 2019. Disponível em: www2.camara.leg.br/atividade-legislativa/comissoes/comissoes-permanentes/cpd/arquivos/cinthia-ministerio-da-saude. Acesso em: 15 dez. 2021.

- GANDRA, Alana. Pessoas com deficiência em 2019 eram 17,3 milhões. Agência Brasil, Brasília, 26 ago. 2021. Disponível em:

https://agenciabrasil.ebc.com.br/saude/noticia/2021-08/pessoas-com-deficiencia-em-2019-eram-173-milhoes. Acesso em: 15 dez. 2021.

12. BRASIL. Lei nº 13.146, de 6 de julho de 2015. Brasília, DF: Presidência da República, 2015. Disponível em: www.planalto.gov.br/ccivil_03/_ato2015-2018/2015/lei/l13146.htm. Acesso em: 15 dez. 2021.

13. BRASIL. Lei nº 10.097, de 19 de dezembro de 2000. Brasília, DF: Presidência da República, 2000. Disponível em: www.planalto.gov.br/ccivil_03/leis/l10097.htm. Acesso em: 15 dez. 2021.

14. CRUZ, Marinalva. 30 anos da Lei de Cotas: o que mudou? Goodbros, 6 jul. 2021. Disponível em: www.goodbros.com.br/2021/07/06/30-anos-da-lei-de-cotas-o-que-mudou.html. Acesso em: 5 out. 2021.

15. SIDRA — Sistema IBGE de Recuperação Automática, 2010. Disponível em: https://sidra.ibge.gov.br/tabela/3425#resultado. Acesso em: 5 out. 2021.

16. Instituto Nacional de Estudos e Pesquisas Educacionais Anísio Teixeira (INEP) — Censo da educação superior, 2019. Disponível em: https://download.inep.gov.br/educacao_superior/censo_superior/documentos/2020/Apresentacao_Censo_da_Educacao_Superior_2019.pdf. Acesso em: 5 out. 2021.

17. BRASIL. Lei nº 14.176, de 22 de junho de 2021. Brasília, DF: Presidência da República, 2021. Disponível em: www.planalto.gov.br/ccivil_03/_ato2019-2022/2021/lei/L14176.htm. Acesso em: 15 dez. 2021.

18. KERR, Cris. A inclusão é a sustentação para os projetos de diversidade. Você S/A, São Paulo, 30 jul. 2021. Disponível em: https://vocesa.abril.com.br/blog/cris-kerr/a-inclusao-e-a-

sustentacao-para-os-projetos-de-diversidade. Acesso em: 5 out. 2021.

19. MARONI, João Rodrigo. Diversidade é sinônimo de lucro para as empresas, mostram estudos. Gazeta do Povo, Curitiba, 20 abr. 2018. Disponível em: www.gazetadopovo.com.br/economia/livre-iniciativa/carreira-e-concursos/diversidade-e-sinonimo-de-lucro-para-as-empresas-mostram-estudos-62h9akvjk9zokpn8ry3i52ph5. Acesso em: 5 out. 2021.

20. *Ibidem.*

21. GOLDCHMIT, Julie. Entrevista Julie Goldchmit no LinkedIn local. Youtube, 3 maio 2019. Disponível em: https://www.youtube.com/watch?v=WTZFa-1K8_I&t=4s. Acesso em: 13 jan. 2022.

22. INSTITUTO SINGULARIDADES. Abril Azul: a singularidade da vida autista. Estadão, São Paulo, 30 abr. 2021. Disponível em: https://educacao.estadao.com.br/blogs/instituto-singularidades/abril-azul-a-singularidade-da-vida-autista. Acesso em: 24 out. 2021.

23. SZEGO, Thais. Funcionária autista conta como projeto de inclusão a levou à Unilever. Ecoa UOL, 29 ago. 2020. Disponível em: www.uol.com.br/ecoa/ultimas-noticias/2020/08/29/funcionaria-autista-conta-como-projeto-de-inclusao-a-levou-a-unilever.htm. Acesso em: 24 out. 2021.

24. Unilever. Como nasce a inclusão. Gente, 7 maio 2020. Disponível em: https://gente.globo.com/como-nasce-a-inclusao/. Acesso em: 13 jan. 2022.

25. TALK SHOW completo Julie. Instituto Serendipidade, 11 dez. 2018. Disponível em: https://youtu.be/bQLShzp0eDo. Acesso em: 24 out. 2021.

26. SOUZA, Susana de. Mães protagonistas do Brasil. Grupo Mulheres do Brasil, 12 maio 2021. Disponível em: https://noticias.grupomulheresdobrasil.org.br/sao-paulo/1374. Acesso em: 24 out. 2021.

27. Avaliação neuropsicológica. Einstein. Disponível em: https://www.einstein.br/estrutura/centro-reabilitacao/especialidades/psicologia/avaliacao-neuropsicologica. Acesso em: 12 jan. 2022.

28. Sistema Braille. Brasil Escola. Disponível em: https://brasilescola.uol.com.br/portugues/braile.htm. Acesso em: 10 jan. 2022.

29. Comunicação Não Violenta (CNV): o que é?. Politize!, 9 jul 2021. Disponível em: https://www.politize.com.br/comunicacao-nao-violenta/. Acesso em: 10 jan. 2022.

30. Fisioterapia — Tratamento (PMD) Pelizaeus-Merzbacher. Central da Fisioterapia. Disponível em: www.centraldafisioterapia.com.br/tratamentos/fisioterapia-pediatrica-pelizaeus-merzbacher-pmd. Acesso em: 5 out. 2021.

31. FERNANDES, Márcia. Libras (Língua Brasileira de Sinais). Toda Matéria. Disponível em: https://www.todamateria.com.br/libras-lingua-brasileira-de-sinais/. Acesso em: 10 jan. 2022

32. Neurodiversidade: a importância de cultivar a diferença nas empresas. HSM Management. Disponível em: https://hsm.com.br/lideranca-pessoas/neurodiversidade-a-importancia-de-cultivar-a-diferenca-nas-empresas/. Acesso em: 10 jan. 2022.

33. Entenda o conceito de Psicomotricidade. NeuroSaber, 25 fev. 2019. Disponível em: https://institutoneurosaber.com.br/entenda-o-conceito-de-psicomotricidade. Acesso em: 5 out. 2021

34. RODRIGUES, Leandro. Tecnologia assistiva: o que é e como usar na escola sem saber informática. Instituto Itard, 30 abr. 2019. Disponível em: https://institutoitard.com.br/tecnologia-assistiva-o-que-e-e-como-usar-na-escola-sem-saber-informatica. Acesso em: 5 out. 2021.

35. Terapia ocupacional – Definição. Conselho Federal de Fisioterapia e Terapia Ocupacional (Coffito). Disponível em: https://www.coffito.gov.br/nsite/?page_id=3382. Acesso em: 21 dez. 2021

36. O que são transtornos de ansiedade. American Psychiatric Association. Disponível em: https://www-psychiatry-org.translate.goog/patients-families/anxiety-disorders/what-are-anxiety-disorders?_x_tr_sl=en&_x_tr_tl=pt&_x_tr_hl=pt-BR. Acesso em: 21 dez. 2021

37. O que é TDAH. Associação Brasileira do Déficit de Atenção (ABDA). Disponível em: https://tdah.org.br/sobre-tdah/o-que-e-tdah. Acesso em: 5 out. 2021.

AGRADECIMENTOS

Adriana Mello
Andrea Alvares
Andrea Vayanos
Bruna Antonelli
Dr. Bruno Caramelli
Carolina Videira
Dra. Cecília Gross
César Eduardo L. Romão
Claudia Coutinho
Dafna Goldchmit
Dayrane Souza
Eduardo G. de Moraes
Elizabeth Tambor
Etienne Peled
Fernanda Alarcão
Fernanda Liveri
Fernando Rodrigueiro
Giovanna Lazzarini
Dr. Henrique Klajner
Julio Campos
Larissa Lima
Laura Sokolowicz
Dr. Lauro Barbanti
Leonardo Felix
Luana Suzina
Luís Oliveira
Maria Luíza Castro
Maria Aparecida P. de Sousa
Marinalva Cruz
Dr. Mauro Goldchmit
Melissa Goldchmit
Nicolas Soares
Rafaela Flavia Santos
Raphael Comachio
Rodrigo Credidio
Rosa Goldchmit
Rosangela Moura Ribeiro
Soraia Silva
Sueli Teruya
Thaís Helena Matsuda
Yara Oliveira

ESTA OBRA FOI COMPOSTA POR MAQUINARIA EDITORIAL NA FAMÍLIA TIPOGRÁFICA AVENIR LT STD E ADOBE TEXT PRO. CAPA EM PAPEL CARTÃO 250 G/M² – MIOLO EM OFFSET 75 G/M². IMPRESSO PELA GRÁFICA VIENA EM FEVEREIRO DE 2022.